机电一体化
设备安装与调试

— 主编 —

郭晓凤　陈　伟

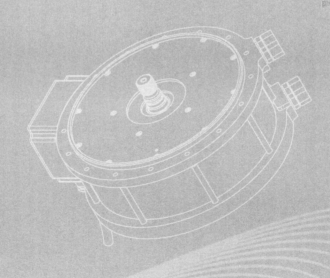

四川科学技术出版社

图书在版编目（CIP）数据

机电一体化设备安装与调试／郭晓凤，陈伟主编．
成都：四川科学技术出版社，2025.5. -- ISBN 978-7
-5727-1802-1

Ⅰ．TH-39

中国国家版本馆 CIP 数据核字第 2025A5U677 号

机电一体化设备安装与调试

JIDIAN YITIHUA SHEBEI ANZHUANG YU TIAOSHI

主　　编	郭晓凤　陈　伟
出 品 人	程佳月
策划编辑	何晓霞
责任编辑	李　珉
助理编辑	周梦玲　殷　芮
营销编辑	刘　成
责任出版	欧晓春
出版发行	四川科学技术出版社

　　　　　　成都市锦江区三色路 238 号　邮政编码 610023
　　　　　　官方微信公众号：sckjcbs
　　　　　　传真：028-86361756

成品尺寸	185mm × 260mm
印　　张	11.25
字　　数	220 千
印　　刷	成都一千印务有限公司
版　　次	2025 年 5 月第 1 版
印　　次	2025 年 7 月第 1 次印刷
定　　价	52.00 元

ISBN 978-7-5727-1802-1

邮　　购：成都市锦江区三色路 238 号新华之星 A 座 25 层　邮政编码：610023
电　　话：028-86361758

编委会

主　　编：郭晓凤　陈　伟
副主编：何玉琼　田　静　余永琼　陈　煜
　　　　陈胜兰　尹　丹
编　　委：何　丽　都慧芳　代　丹　邹　宇
　　　　杨　军　张宏杰

内容简介

本书紧紧围绕高素质技能人才培养目标，对接中等职业学校机电一体化专业教学标准、"1+X"职业能力评价标准，以及德国机电一体化职业资格认证考试标准，结合机电一体化设备安装与调试相关岗位需要系统掌握的知识、技能和素养要求，以项目为纽带、任务为载体、工作过程为导向，科学组织教材内容，进行教材内容模块化处理。本书注重课程之间的相互融通及理论与实践的有机衔接，开发出工作页式的任务工作单，形成了多元多维、全时全程的评价体系。

本书共分为课程导入、自动化滑仓系统的认识、自动化滑仓系统电气控制柜的识读与安装、自动化滑仓系统电气–气动控制回路的安装与调试四大模块。

本书以工作页式的任务工作单为载体，注重强化学生自主学习、小组合作探究式学习，在课程设置、学生主体地位重塑、教师角色转型、课堂模式创新、评价体系革新等方面做适当探索。

本书可以作为中职院校装备制造类、电子信息类专业的学生用书，也可作为装备制造类、电子信息类行业企业技术人员的参考资料。

前　言

　　"机电一体化设备安装与调试"是中职装备制造大类机电技术应用专业的一门专业核心课程。为建设好该课程，编者认真研究专业教学标准和"1+X"职业能力评价标准，开展了广泛调研，联合企业制定了毕业生所从事岗位（群）的《岗位（群）职业能力及素养要求分析报告》。基于此报告，编者和企业共同开发了《专业人才培养质量标准》，明确了对人才素质、知识和能力的要求。课程建设注重以学生为中心，以立德树人为根本，强调知识、能力、思政目标并重，组建了校企合作的结构化课程开发团队。本书以生产企业实际项目案例为载体，以任务驱动、工作过程为导向，将课程内容进行模块化处理，以"项目+任务"的方式，开发了工作页式的任务工作单，方便学生进行自主学习和实践操作。同时，本书采用了现代信息技术手段，开发了丰富的数字化教学资源，为学生提供更加便捷、高效的学习途径。

　　因该书涉及内容广泛，编者水平有限，难免出现错误和处理不妥之处，请读者批评指正。

编者

2023 年 10 月　成都

目　录

模块 1　课程导入 ·· 1

模块 2　自动化滑仓系统的认识 ································ 2

项目 2.1　自动化滑仓系统电气控制回路的认识 ················· 2

任务 2.1.1　常用低压电器 ································· 2

任务 2.1.2　常用电线和电缆 ······························· 12

任务 2.1.3　常用电工工具 ································· 20

项目 2.2　自动化滑仓系统电气–气动控制回路 ················· 34

任务 2.2.1　传感器 ····································· 34

任务 2.2.2　其他元器件 ································· 44

模块 3　自动化滑仓系统电气控制柜的识读与安装 ········· 54

项目 3.1　电气控制柜主回路的识读与安装 ····················· 54

任务 3.1.1　电气控制柜主回路的识读 ······················· 54

任务 3.1.2　电气控制柜主回路的安装 ······················· 71

项目 3.2 自动化滑仓系统电气控制柜控制回路的识读与安装 ……………………… 84

    任务 3.2.1 电气控制柜控制回路的识读 ………………………………………… 84

    任务 3.2.2 电气控制柜控制回路的安装 ……………………………………… 103

模块 4 自动化滑仓系统电气–气动控制回路的安装与调试 …………… 114

项目 4.1 传感器控制回路的安装与调试 …………………………………………… 114

    任务 4.1.1 传感器控制回路的安装 ……………………………………………… 114

    任务 4.1.2 传感器控制回路的调试 ……………………………………………… 128

项目 4.2 气动控制回路的安装与调试 ……………………………………………… 138

    任务 4.2.1 气动控制回路的安装 ………………………………………………… 138

    任务 4.2.2 气动控制回路的调试 ………………………………………………… 155

模块 1 课程导入

"机电一体化设备安装与调试"是中等职业学校机电技术应用专业的一门专业核心课程，具有很强的实践性、应用性。随着制造技术的发展，企业对设备运行完好率及加工精度的要求越来越高，因此对该专业学生的理论素养和实践能力也提出了更高的要求。

学生通过本课程的学习，能够根据机电一体化设备的电路图和装配图，正确选择合理的工艺方案进行设备的安装与调试；能利用检测工具对安装后的设备进行精度检验；根据常用零部件的失效方式，能够判断其失效原因并进行维修。本课程能够培养学生分析生产实际问题和解决实际问题的能力，培养学生的团队协作和创新能力，以及敬业乐业的工作作风。

本课程是依据《机电一体化专业工作任务与职业能力分析表》中的职业岗位工作项目设置的。其总体设计思路是以工作任务为中心组织课程内容，让学生在完成具体项目的过程中掌握相关理论知识，培养职业能力。课程内容突出对学生职业能力的训练，并融合了相关职业资格考试对知识、技能和素质的要求。

本课程以自动化滑仓系统为载体，以其设备的安装与调试为主线，介绍了机电一体化系统安装与调试中所需的电气控制系统、气动系统等相关知识。学生通过该课程的学习，可以基本掌握机电一体化设备安装与调试的核心知识与技能，初步具备相关岗位高素质技能人才所需的知识和技能。

模块 2　自动化滑仓系统的认识

项目 2.1　自动化滑仓系统电气控制回路的认识

任务 2.1.1　常用低压电器

2.1.1.1　任务描述

低压电器是指工作在交流额定电压 1 200V、直流额定电压 1 500V 及以下的电路中起通断、保护、控制或调节作用的电气元器件。常用低压电器有刀开关、主令电器、接触器、断路器、继电器等。通过此任务学习，掌握常用低压电器的结构和电气符号，了解常用低压电器的选用和使用知识等。

2.1.1.2　学习目标

1. 知识目标

（1）熟悉并牢记常用低压电器的结构、电气符号。

（2）了解常用低压电器的选用和使用知识。

2. 能力目标

（1）能正确说出电路图中元器件（常用低压电器）的电气符号含义。

（2）能识别常用低压电器。

3. 素质目标

（1）培养学生的安全意识、规则意识。

（2）培养学生严谨细致、精益求精的工作态度。

2.1.1.3　任务分析

1. 重点

（1）能够完成电路图中常用低压电器的识读。

（2）能够正确选用常用低压电器。

2. 难点

能够准确描述常用低压电器的结构、功能、电气符号含义和选用规定。

2.1.1.4 相关知识链接

1. 常用低压电器

1) 刀开关

常用 HK 系列瓷底胶盖刀开关，其适用于额定电压为交流电 380 V（或 400 V）的电热设备、照明设备、5.5 kW 以下的交流电动机控制线路。刀开关及其电气符号分别如图 2.1 和图 2.2 所示。

图 2.1 刀开关

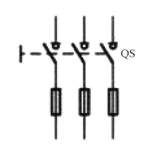

图 2.2 刀开关的电气符号

选用和使用：

（1）刀开关的额定电压应大于等于线路工作电压。

（2）刀开关必须垂直安装在控制屏或开关板上，不能倒装，即接通状态时手柄朝上，否则有可能在断开状态时闸刀开关松动落下，造成误接通。

（3）刀开关接线时应把电源连线接在静触头一边的接线柱上，负载接在动触头一边的接线柱上。

2) 三相负载隔离开关

三相负载隔离开关是一种将停电部分与带电部分隔离，并造成一个明显的断开点，以隔离故障设备或进行停电检修的设备。三相负载隔离开关及其电气符号分别如图 2.3 和图 2.4 所示。

图 2.3　三相负载隔离开关

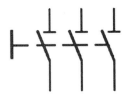

图 2.4　三相负载隔离开关的电气符号

选用和使用：

（1）三相负载隔离开关适合切断无负荷的电流，无法切断负荷电流、短路电流；主要用于隔离电源，在检修时提供明显的断开点，确保安全。

（2）在三相负载隔离开关后面加上接触器，以作为电动机回路的操作元器件和过负荷及过流保护元器件。

（3）安装时推开卡扣，将三相负载隔离开关装上导轨后需要将卡扣扣紧。

3）断路器

断路器是按规定条件，对配电电路、电动机或其他用电设备实行通断操作并起保护作用的开关电器。断路器及其电气符号如图 2.5 和图 2.6 所示。

图 2.5　断路器

图 2.6　断路器的电气符号

选用和使用：

（1）断路器的额定电压要适应线路电压等级，即断路器的额定电压要大于或等于线路的额定电压。

（2）断路器的额定极限短路分断能力应大于或等于线路最大短路电流。

4）按钮

低压电器的按钮不直接控制主回路的通断、功能转换或电气连锁，而是在控制回路中发出指令或信号去控制接触器、继电器等电器，再由这些电器去控制主回路的通断、功能转换或电气连锁。低压电器的按钮及其电气符号分别如图 2.7 和图 2.8 所示。

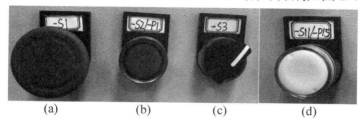

（a）　　　　　　（b）　　　　　　（c）　　　　　　（d）

（a）双回路急停按钮；（b）复位按钮；（c）选择按钮；
（d）带弹簧复位的按钮。

图 2.7　低压电器的按钮

SB	SB	SB
 常闭按钮	 常开按钮	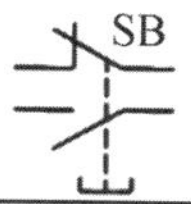 复合按钮

图 2.8　按钮的电气符号

选用和使用：

（1）根据使用场合和具体用途选择按钮的种类。

（2）根据工作状态指示和工作要求，选择合适按钮。

5）接触器

接触器通过控制接在控制回路的辅助触点来控制电动机电路的通断。接触器及其电气符号如图 2.9 和图 2.10 所示。

图 2.9　接触器

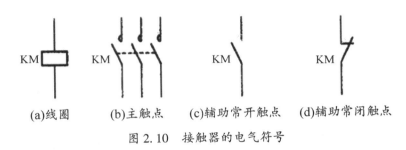

(a)线圈　　(b)主触点　　(c)辅助常开触点　　(d)辅助常闭触点

图 2.10　接触器的电气符号

选用和使用：

（1）当接触器控制电阻性负载时，主触头额定电流大于等于负载额定电流。当接触器控制电动机时，主触头额定电流大于等于电动机额定电流。

（2）当在频繁启动、制动及正反转的场合使用时，应选择额定电流大一个等级的接触器。

6）继电器

继电器是一种通过控制小电流电路来间接控制大电流电路的电器，通常应用于自动化的控制回路中，在电路中起着自动调节、安全保护、转换电路等作用，能够实现控制系统和被控制系统之间的互动。继电器及其电气符号如图 2.11 和图 2.12 所示。

图 2.11　继电器

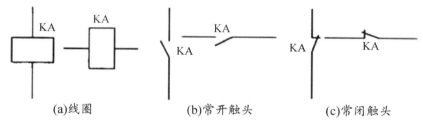

(a)线圈　　　　　　(b)常开触头　　　　　　(c)常闭触头

图 2.12　继电器的电气符号

继电器的标识为 K，交流继电器为 KA，电磁继电器为 KR，时间继电器为 KT。
选用和使用：

（1）继电器的额定电流一般略大于电动机的额定电流。

（2）继电器一般置于手动复位位置上，自动复位时将调节螺钉顺时针旋转几
圈，并且排除故障后再复位。

2.1.1.5　素质养成

学习常用低压电器，掌握基础的理论知识，学生通过自学、查资料，调动学习
的主观能动性；通过相互讨论、小组成员轮流发言，培养学生沟通、团队合作的能
力；学会正确选用低压电器，了解并掌握标准化操作流程，为未来职业发展打下
基础。

2.1.1.6　任务分组（见表 2.1）

表 2.1　任务分组表

班级		组号		指导教师	
组长		学号			
组员	姓名	学号		姓名	学号
任务分工					

2.1.1.7　自主探学

任务工作单

组号：＿＿＿＿＿　　姓名：＿＿＿＿＿　　学号：＿＿＿＿＿　　检索号：2117-1

引导问题：

（1）清楚常用低压电器的外形和基本结构，根据图形说出对应的电器名称。

（2）请根据各电气符号说出其对应的名称及选用和使用要点。

_____

_____

_____

_____

2.1.1.8　合作研学

任务工作单

组号：_____　姓名：_____　学号：_____　检索号：2118-1

引导问题：

（1）小组交流讨论，教师参与，根据常用低压电器的外形和基本结构，写出对应的电器名称及选用和使用要点。

_____

_____

（2）记录自己的不足之处。

_____

_____

2.1.1.9　展示赏学

任务工作单

组号：_____　姓名：_____　学号：_____　检索号：2119-1

引导问题：

（1）每小组推荐一位小组长，讲述各电气符号及其对应的名称，选用和使用要点。

_____

_____

（2）检查本组每个人在学习过程中的问题，反思不足。

_____

_____

2.1.1.10 评价反馈 (见表2.2~表2.5)

表2.2 个人自评表

组号：_____ 姓名：_____ 学号：_____ 检索号：21110-1

班级		组名		日期	年 月 日
评价指标	评价内容			分数	分数评定
信息检索能力	能有效利用网络、图书资源查找有用的相关信息；能将查到的信息有效地应用到学习中			10分	

续表

班级		组名		日期	年 月 日
评价指标	评价内容			分数	分数评定
感知课堂生活	认同工作价值；在学习中能获得满足感，课堂活跃			10分	
参与态度、交流沟通	积极主动与教师、同学交流，相互尊重、理解、平等相待；与教师、同学之间能够保持多向、丰富、适宜的信息交流			10分	
	能处理好合作学习和独立思考的关系，做到有效学习；能提出有意义的问题或能发表个人见解			10分	
知识、能力获得情况	熟悉各常用低压电器的作用			10分	
	熟悉并牢记常用低压电器的结构和电气符号			10分	
	能根据电气符号说出对应的电器名称			10分	
	掌握常用低压电器的选用和使用要求			10分	
思维态度	能发现问题、提出问题、分析问题、解决问题，具有创新思维			10分	
自评反思	按时按质完成任务；较好地掌握知识点；具有较强的信息分析能力和理解能力；具有较为全面严谨的思维能力，并能条理清楚地表达			10分	
自评分数					
有益的经验和做法					
总结反馈建议					

表2.3 小组内互评验收表

组号：＿＿＿＿　姓名：＿＿＿＿　学号：＿＿＿＿　检索号：21110-2

班级		组名		日期	年　月　日
验收组长		成员		分数	分数评定
验收任务	熟悉各常用低压电器的作用； 掌握常用低压电器的结构和电气符号； 能根据电气符号说出对应的电器名称； 掌握常用低压电器的选用和使用要求； 文献检索目录				
验收档案 （被验收者）	2117-1； 2118-1； 文献检索清单				
验收评价标准	熟悉各常用低压电器的作用，错一个扣2分			20分	
	熟悉并牢记常用低压电器的结构和电气符号，错一个扣5分			30分	
	能根据电气符号说出对应的电器名称，错一个扣5分			20分	
	能说出常用低压电器的选用和使用要求，错一处扣5分			20分	
	文献检索清单不少于5个，少一个扣2分			10分	
评价分数					
该同学的不足之处					
有针对性的改进建议					

表2.4 小组间互评表

被评组号：＿＿＿＿＿＿＿＿＿＿＿＿＿＿＿　检索号：21110-3

班级		评价小组		日期	年　月　日
评价指标		评价内容		分数	分数评定
汇报表述	表述准确			15分	
	语言流畅			10分	
	准确反映小组完成情况			15分	
内容正确度	内容正确			30分	
	句型表达到位			30分	
互评分数					
简要评述					

表 2.5   教师评价表

组号：_____   姓名：_____   学号：_____   检索号：21110-4

班级		组名		姓名	
出勤情况					
评价内容	评价要点	考察要点		分数	老师评定
					结论 / 分数
查阅文献情况	任务实施过程中的文献查阅	（1）是否查阅信息资料		10 分	
		（2）正确运用信息资料			
互动交流情况	组内交流，教学互动	（1）积极参与交流		20 分	
		（2）主动接受教师指导			
任务完成情况	熟悉各常用低压电器的作用	（1）根据表达的清晰程度酌情赋分		5 分	
		（2）内容正确，错一处扣 2 分		5 分	
	熟悉并牢记常用低压电器的结构和电气符号	（1）根据表达的清晰程度酌情赋分		5 分	
		（2）内容正确，错一处扣 2 分		5 分	
	能根据电气符号说出对应的电器名称	（1）根据表达的清晰程度酌情赋分		10 分	
		（2）内容正确，错一处扣 2 分		10 分	
	能说出常用低压电器的选用和使用要求	（1）根据表达的清晰程度酌情赋分		5 分	
		（2）内容正确，错一处扣 2 分		5 分	
	文献检索目录	（1）数量达标，少一个扣 2 分		5 分	
		（2）根据文献匹配度酌情赋分		5 分	
素质目标达成度	团队协作	根据情况酌情赋分		10 分	
	自主探究	根据情况酌情赋分			
	学习态度	根据情况酌情赋分			
	课堂纪律	根据情况酌情扣分			
	出勤情况	缺勤 1 次扣 2 分			
	多角度分析、统筹全局	根据情况酌情赋分			
	善于沟通、团队协作	根据情况酌情赋分			
	严谨细致、精益求精	根据情况酌情赋分			
合　计					

任务 2.1.2　常用电线和电缆

2.1.2.1　任务描述

电线和电缆是电气系统的重要组成部分，能够实现电力和信号的传输，以及用电设备的连接，满足人们的不同用电需求。其中电线也称作导线，在实际应用中，需根据特定的使用场合、各类电线和电缆的具体性能与使用范围选择电线和电缆。通过学习此任务，认识电线和电缆的结构，熟悉常见的电线和电缆型号分类与编号含义，掌握电线和电缆的选用。

2.1.2.2　学习目标

1. 知识目标

（1）熟悉常用电线和电缆的结构与型号。

（2）掌握电线和电缆选用的原则。

2. 能力目标

（1）能正确解读电线和电缆的型号及编号。

（2）能正确选用电线和电缆。

3. 素质目标

（1）培养学生的安全意识、节约意识。

（2）培养学生善于观察、细心的学习态度。

2.1.2.3　任务分析

1. 重点

（1）学习电线和电缆的结构与型号组成。

（2）熟悉电线和电缆的规格及正确释义。

2. 难点

能够根据不同场合正确选择电线和电缆。

2.1.2.4　相关知识链接

1. 电线和电缆的结构与型号

1）电线和电缆的结构

电线和电缆一般由导体、绝缘层、屏蔽层、保护层构成。其中导体一般有铜、铝、合金等类型。绝缘层一般有两种材料，分别是塑料和橡胶，塑料材料一般为聚乙烯、聚丙烯、聚氯烯等；橡胶材料指天然橡胶、乙丙橡胶、丁基橡胶等。屏蔽层一般由铝箔、导电无纺布组成，主要防止电磁干扰和减少信号损耗。保护层一般有金属保护层、橡胶保护层、组合保护层，主要起到防拉力、压力、机械外伤等作用。

2）电线和电缆型号组成解读

电线和电缆型号一般由 8 个代码组成，表示信息如下。

第①部分：用途代码。常见用途代码一般有三类，没有标识表示电力电缆，字母 K 表示控制电缆，字母 P 表示信号电缆。

第②部分：导体代码，没有标识表示为铜材质，L 为铝材质。

第③部分：绝缘代码，Z 为油浸纸，X 为橡胶，V 为聚氯乙烯，YJ 为交联聚乙烯。

第④部分：内保护层代码，Q 为铅护套，L 为铝护套，H 为橡胶护套，V 为聚氯乙烯护套。

第⑤部分：派生代码，D 为不滴流，P 为干绝缘。

第⑥部分：外保护层数字代码（如表 2.6 所示）。

表 2.6　外保护层数字代码含义

第一个数字		第二个数字	
代码	铠装层类型	代码	外被层类型
0	无	0	无
1	—	1	纤维护套
2	双钢带	2	聚氯乙烯护套
3	细圆钢丝	3	聚乙烯护套
4	粗圆钢丝	4	—

第⑦部分：特殊产品代码，TH 为湿热带，TA 为干热带。

第⑧部分：额定电压，单位 kV。

3）常用的电气设备的电线和电缆型号示例

（1）BVV：铜芯聚氯乙烯绝缘聚氯乙烯护套电力电缆，其中 B 表示布线用电缆。

（2）VLV：铝芯聚氯乙烯绝缘聚氯乙烯护套电力电缆。

（3）YJV22：铜芯交联聚乙烯绝缘双钢带铠装聚氯乙烯护套电力电缆。

（4）KVV：聚氯乙烯绝缘聚氯乙烯护套控制电缆。

更多电线和电缆的规格型号可查阅资料。

4）电线和电缆的规格及示例

电线和电缆的规格又由额定电压、芯数及标称截面组成。电线及控制电缆等一般的额定电压为 300/300 V、300/500 V、450/750 V；中低压电力电缆的额定电压一般有 0.6/1 kV、1.8/3 kV、3.6/6 kV、6/10 kV、8.7/10（15）kV、12/20 kV、18/20（30）kV、21/35 kV、26/35 kV 等。

电线和电缆的芯数根据实际需要来定，一般电线和电力电缆主要有 1~5 芯，控制电缆有 1~61 芯。

标称截面是指电线和电缆导体的横截面积。标称截面是一个标准化数值，可能与导体的实际横截面积有差异，但符合国家标准或行业规范。我国统一规定的导体横截面积有 0.5 mm^2、0.75 mm^2、1 mm^2、1.5 mm^2、2.5 mm^2、4 mm^2、6 mm^2、10 mm^2、16 mm^2、25 mm^2、35 mm^2、50 mm^2、70 mm^2、95 mm^2、120 mm^2、150 mm^2、185 mm^2、240 mm^2、300 mm^2、400 mm^2、500 mm^2、630 mm^2、800 mm^2、1 000 mm^2、1 200 mm^2 等。

电线和电缆的规格示例如下：

（1）BVV-0.6/1 3×150+1×70 GB/T 12706.2—2002：铜芯聚氯乙烯绝缘聚氯乙烯护套电力电缆，额定电压为 0.6/1 kV，3+1 芯，主线芯的标称截面为 150 mm^2，第 4 芯标称截面为 70 mm^2。

（2）BVVB-450/750V 2×1.5 JB 8734.2—1998：铜芯聚氯乙烯绝缘聚氯乙烯护套扁型电缆，额定电压为 450/750 V，2 芯，主线芯的标称截面为 1.5 mm^2。

（3）YJLV22-8.7/10 3×120 GB/T 12706.3—2002：铝芯交联聚乙烯绝缘双钢带铠装聚氯乙烯护套电力电缆，额定电压为 8.7/10 kV，3 芯，主线芯的标称截面为 120 mm^2。

2. 电线和电缆的选用原则

（1）电线和电缆的类型选取，应符合使用环境、传输介质、安装防护等技术标准要求。

（2）不同类型的电线和电缆，使用方法也不相同，不得混用、错用。

（3）电线和电缆选用时应考虑单股、多股、硬铜线或软铜线的区别，同时要符合国家和行业标准要求。

（4）结合电线和电缆敷设环境，应充分考虑压力、拉力、热量、外力损伤等环境因素。

（5）电线和电缆的选用，应充分考虑安全电流与信息传输需求，可参照对应的国家标准。

2.1.2.5　素质养成

学习常用电线和电缆，掌握基础的理论知识，学生通过自学、查资料，调动学习的主观能动性；通过相互讨论、小组成员轮流发言，培养学生沟通、团队合作的能力；合理选用电线和电缆，注重线材的安全性与经济性，培养学生综合分析与工程实践的能力。

2.1.2.6　任务分组（见表 2.7）

表 2.7　任务分组表

班级		组号		指导教师	
组长		学号			
组员	姓名	学号		姓名	学号
任务分工					

2.1.2.7　自主探学

任务工作单

组号：_____　姓名：_____　学号：_____　检索号：<u>2127-1</u>

引导问题：

（1）写出常用电线和电缆的结构与型号组成，正确解释代码的含义。

_____

_____

_____

（2）写出常用电线和电缆的规格，正确解释代码的含义。

_____

_____

2.1.2.8　合作研学

任务工作单

组号：_____　　姓名：_____　　学号：_____　　检索号：2128-1

引导问题：

（1）小组交流讨论，教师参与，根据常用电线和电缆的型号和规格知识，举例写出释义。

_____

_____

（2）记录自己的不足之处。

_____

_____

2.1.2.9　展示赏学

任务工作单

组号：_____　　姓名：_____　　学号：_____　　检索号：2129-1

引导问题：

（1）每小组推荐一位小组长，解释电线和电缆的代码所代表的含义，若有本任务中未包含的代码知识，可通过网络或者其他书本查找资料。

_____

_____

_____

（2）检讨本组每个人在学习过程中的问题，反思不足。

_____

_____

2.1.2.10 评价反馈（见表 2.8~表 2.11）

表 2.8 个人自评表

组号：＿＿＿＿＿ 姓名：＿＿＿＿＿ 学号：＿＿＿＿＿ 检索号：21210-1

班级		组名		日期	年 月 日
评价指标	评价内容			分数	分数评定
信息检索能力	能有效利用网络、图书资源查找有用的相关信息；能将查到的信息有效地应用到学习中			10分	
感知课堂生活	认同工作价值；在学习中能获得满足感，课堂活跃			10分	
参与态度、交流沟通	积极主动与教师、同学交流，相互尊重、理解、平等相待；与教师、同学之间能够保持多向、丰富、适宜的信息交流			10分	
	能处理好合作学习和独立思考的关系，做到有效学习；能提出有意义的问题或能发表个人见解			10分	
知识、能力获得情况	熟悉常用电线和电缆的结构			10分	
	熟悉电线和电缆型号的组成			10分	
	能正确判断电线和电缆的规格			10分	
	清楚电线和电缆的选用			10分	
思维态度	能发现问题、提出问题、分析问题、解决问题，具有创新思维			10分	
自评反思	按时按质完成任务；较好地掌握知识点；具有较强的信息分析能力和理解能力；具有较为全面严谨的思维能力，并能条理清楚地表达			10分	
自评分数					
有益的经验和做法					
总结反馈建议					

表 2.9 小组内互评验收表

组号：_____ 姓名：_____ 学号：_____ 检索号：21210-2

班级		组名		日期	年 月 日
验收组长		成员		分数	分数评定
验收任务	熟悉常用电线和电缆的结构； 熟悉电线和电缆型号的组成； 能正确判断电线和电缆的规格； 清楚电线和电缆的选用； 文献检索目录				
验收档案 （被验收者）	2127-1； 2128-1； 文献检索清单				
验收评价 标准	说出常用电线和电缆的结构，错一个扣 5 分			20 分	
	牢记电线和电缆型号的组成代码，错一个扣 2 分			20 分	
	能正确判断电线和电缆的规格，错一个扣 5 分			30 分	
	能说出电线和电缆的选用原则，错一处扣 5 分			20 分	
	文献检索清单不少于 5 个，少一个扣 2 分			10 分	
	评价分数				
该同学的不足之处					
有针对性的改进建议					

表 2.10 小组间互评表

被评组号：_____ 检索号：21210-3

班级		评价小组		日期	年 月 日
评价指标	评价内容			分数	分数评定
汇报表述	表述准确			15 分	
	语言流畅			10 分	
	准确反映小组完成情况			15 分	
内容正确度	内容正确			30 分	
	句型表达到位			30 分	
	互评分数				
简要评述					

表 2.11　教师评价表

组号：_____　　姓名：_____　　学号：_____　　检索号：21210-4

班级		组名		姓名	
出勤情况					
评价内容	评价要点	考察要点	分数	老师评定	
				结论	分数
查阅文献情况	任务实施过程中的文献查阅	（1）是否查阅信息资料	10 分		
		（2）正确运用信息资料			
互动交流情况	组内交流，教学互动	（1）积极参与交流	20 分		
		（2）主动接受教师指导			
任务完成情况	熟悉常用电线和电缆的结构	（1）根据表达的清晰程度酌情赋分	5 分		
		（2）内容正确，错一处扣 2 分	5 分		
	熟悉电线和电缆型号的组成	（1）根据表达的清晰程度酌情赋分	5 分		
		（2）内容正确，错一处扣 2 分	5 分		
	能正确判断电线和电缆的规格	（1）根据表达的清晰程度酌情赋分	10 分		
		（2）内容正确，错一处扣 2 分	10 分		
	清楚电线和电缆的选用	（1）根据表达的清晰程度酌情赋分	5 分		
		（2）内容正确，错一处扣 2 分	5 分		
	文献检索目录	（1）数量达标，少一个扣 2 分	5 分		
		（2）根据文献匹配度酌情赋分	5 分		
素质目标达成度	团队协作	根据情况酌情赋分	10 分		
	自主探究	根据情况酌情赋分			
	学习态度	根据情况酌情赋分			
	课堂纪律	根据情况酌情扣分			
	出勤情况	缺勤 1 次扣 2 分			
	多角度分析、统筹全局	根据情况酌情赋分			
	善于沟通、团队协作	根据情况酌情赋分			
	严谨细致、精益求精	根据情况酌情赋分			
合　计					

任务 2.1.3　常用电工工具

2.1.3.1　任务描述

在电气设备的安装、维护和修理工作中，都需要使用电工工具。正确地使用电工工具，既能提高工作效率和质量，又能减轻劳动强度，保证作业安全，同时延长电工工具的使用寿命。熟悉常用电工工具的结构，掌握它们的正确使用方法，既能增强动手能力，又能培养解决问题的能力。

2.1.3.2　学习目标

1. 知识目标

（1）了解常用电工工具的名称及作用。

（2）学习常用电工工具的使用方法和注意事项。

2. 能力目标

（1）能熟练地认出各种常用的电工工具，清楚它们的作用。

（2）能熟练使用常用电工工具，安全地完成操作。

3. 素质目标

（1）培养学生的安全操作意识、勤奋的学习态度。

（2）培养学生的动手操作能力、解决问题的能力。

2.1.3.3　任务分析

1. 重点

（1）学习常用电工工具的名称和作用，掌握它们的使用方法。

（2）能正确安全地使用电工工具，完成指定操作。

2. 难点

能够根据不同情况正确地使用电工工具，安全地完成操作。

2.1.3.4　相关知识链接

1. 螺钉旋具

螺钉旋具，也常称作螺丝起子、螺丝批、螺丝刀或改锥等，是用以旋紧或旋松螺钉的工具。螺钉旋具主要有一字形和十字形两种，是最常见的一种旋紧或旋松的工具。

1）螺钉旋具类型

（1）普通螺钉旋具

普通螺钉旋具头柄结合在一起，是最常见的螺钉旋具，但由于螺钉有很多种不同规格，有时需要准备很多种不同的螺钉旋具。螺钉旋具手柄通常有木柄、塑料柄、橡胶柄。根据金属杆顶端的形状，螺钉旋具可分为一字形和十字形。其外形如图 2.14 所示。

图 2.14　螺钉旋具

一字形螺钉旋具用来紧固或拆卸一字槽的螺钉，其规格是以除柄部外的刀体长度来表示，常用规格有 50 mm、100 mm、150 mm、200 mm 等。选用一字形螺钉旋具时注意刀口尺寸要与螺钉的一字槽相适应，否则会损坏螺钉槽。

十字形螺钉旋具用来紧固或拆卸十字槽的螺钉，其规格和一字形螺钉旋具相同。

（2）组合型螺钉旋具

组合型螺钉旋具的金属杆刀头部分可拆卸重新组装，满足了使用不同规格螺钉的操作要求。优点是可以节省收纳空间，缺点是容易遗失螺钉旋具刀头。组合型螺钉旋具如图 2.15 所示。

图 2.15　组合型螺钉旋具

（3）电动螺钉旋具

电动螺钉旋具是用电动马达代替人工来安装和移除螺钉，通常配备可更换刀头，能够适应多种螺钉类型和规格。电动螺钉旋具如图 2.16 所示。

图 2.16　电动螺钉旋具

（4）气动螺钉旋具

气动螺钉旋具是用压缩空气驱动气动马达代替人工来旋紧或旋松螺钉。气动螺钉旋具如图 2.17 所示。

图 2.17　气动螺钉旋具

2）螺钉旋具的使用方法

将螺钉旋具拥有特定形状的端头（一字形或十字形）对准螺钉的顶部凹坑，固定，然后开始旋转手柄。根据规格标准，顺时针方向旋转为嵌紧；逆时针方向旋转则为松出。一字形螺钉旋具可以应用于十字形螺钉；十字形螺钉旋具虽拥有更强的抗变形能力，却不能用于一字形螺钉。

（1）大螺钉旋具一般来紧固较大的螺钉。使用时，除拇指、食指和中指要夹住握柄外，手掌还要顶住柄的末端，这样就可防止旋具转动时滑脱。

（2）小螺钉旋具一般用来紧固电气装置界限桩头上的小螺钉，使用时可用手指顶住木柄的末端拧旋。

（3）较长螺钉旋具的使用：可用右手握持旋具，手掌顶住柄的末端并转动手柄，左手握住手柄中间部分，以使螺钉旋具刀头不滑落，此时左手不得放在螺钉的周围，以免螺钉旋具刀头滑出时将手划伤。

3）选用和使用螺钉旋具的注意事项

（1）根据不同螺钉选用不同的螺钉旋具。螺钉旋具头部厚度应与螺钉尾部槽形相匹配，斜度不宜太大，头部不应该有倒角，否则容易打滑。一般来说，电工不可使用金属杆直通柄顶的螺钉旋具，否则容易造成触电事故。

（2）使用螺钉旋具时，需将螺钉旋具头部放至螺钉槽口中，并用力推压螺钉，平稳旋转旋具，特别要注意用力均匀，不要在槽口中蹭动，以免磨毛槽口。

（3）使用螺钉旋具紧固或拆卸带电的螺钉时，手不得触及旋具的金属杆，以免发生触电事故。

（4）不要将螺钉旋具当作凿子使用，以免损坏螺钉旋具。

（5）为了避免螺钉旋具的金属杆触及皮肤或触及邻近的带电体，可在金属杆上套绝缘管。

（6）螺钉旋具在使用时应该使其头部顶牢螺钉槽口，防止打滑而损坏槽口。同时注意，不用小螺钉旋具去拧旋大螺钉，一是不容易旋紧，二是螺钉尾槽容易损伤，三是螺钉旋具头部易受损。

2. 电工钳

电工在工作过程中需要处理各种电线线路，通常会用到钳子工具。电工钳的特点是钳柄安装有可耐高压电的绝缘套。电工钳常用的种类如下。

1）钢丝钳

钢丝钳，别称老虎钳、平口钳、综合钳，用于夹持、扭曲圆柱形金属零件及切断金属丝。常用的钢丝钳有 150 mm、175 mm、200 mm 及 250 mm 等多种规格，有镀铬和带塑料套两种类型。钳口可用来弯绞或钳夹导线线头，齿口（钳口齿纹部分）可用来紧固或拧松螺母，刀口可用来剪切或钳削导线绝缘层，以及导线芯线（导线金属部分）、钢丝等较硬线材。钢丝钳如图 2.18 所示。

图 2.18　钢丝钳

（1）使用方法

用右手握住钢丝钳，将钳口朝内侧，便于控制钳切部位，用小指抵住一侧钳柄的内侧，用拇指和其他手指轻轻分开钳柄，使钳头张开，这样便于灵活操作。

（2）注意事项

①在使用电工钢丝钳之前，必须检查绝缘柄的绝缘层是否完好，绝缘层如果损坏，进行带电作业时非常危险，会发生触电事故。

②用电工钢丝钳剪切带电导线时，切勿用刀口同时剪切火线和零线，以免发生短路故障。

③带电工作时注意钳头金属部分与带电体的安全距离。

2）剥线钳

剥线钳是电工进行电路维修等常用的工具之一，用来剥除导线头部的表面绝缘层，适用于塑料、橡胶绝缘导线芯线的剥皮。剥线钳柄的绝缘套管耐压为 500 V。常用剥线钳如图 2.19 所示。

图 2.19　常用剥线钳

（1）使用方法

①根据导线直径，选用剥线钳刀片的孔径。

②根据导线的型号，选择相应的剥线刀口。

③将准备好的导线放在剥线工具的刀刃中间，选择好要剥线的长度。

④握住剥线工具手柄，将导线夹住，缓缓用力使导线外表皮慢慢剥落。

⑤松开工具手柄，取出导线，这时导线芯线整齐露在外面，其余绝缘塑料完好无损。

（2）注意事项

①剥线钳的切口与被剥导线芯线直径相匹配，切口过大难以剥离绝缘层，过小会切断芯线。

②剥离多芯导线时，应先剪齐导线头，以免多股芯线缠绕在线头处，影响剥离效果。

③若剥离的绝缘层较长，应多段剥离。

3）压线钳

压线钳是一种用于连接导线和端子的工具。钳子的齿口形状和大小可根据要连接的线径或端子型号而变换。常用压线钳如图 2.20 所示。

图 2.20　常用压线钳

（1）使用方法

①准备好连接的导线和端子，并将压线钳的齿口调整至相应的线径或端子型号大小。

②剥去导线端部的绝缘层，露出适当长度的导体。

③将导线插入端子中，确保导体完全进入。

④将端子放入压线钳的压接槽中。握紧手柄，施加压力，直到压接完成。

⑤压接完成后，将导线尾部锯平或剪断即可，用万用表或电笔检查连接线的正确性。

（2）注意事项

①在使用端子压线钳时，不能将手放在压线钳带电部分附近，以免触电。

②根据线径和端子型号选择合适的钳子，否则造成导线和端子连接不紧密或无法连接。

③根据压力大小确定压线钳的使用力度，力度太小会造成连接不牢，太大则会导致导线被剪断。

④选择正确的压接位置，一般在导线接头的中心位置，如果压接位置靠近导线尾部，会导致导线容易断裂，影响连接质量。

4）尖嘴钳

尖嘴钳因其头部尖细而得名，适合在狭小的工作空间操作，绝缘柄耐压为500 V。尖嘴钳可用来剪断较细小的导线；夹持较小的螺钉、螺帽、垫圈、导线等；也可用来对单股导线进行整形（如平直、弯曲等）。若带电作业，应检查其绝缘是否良好，并且在作业时金属部分不要触及人体或邻近的带电体。尖嘴钳如图 2.21 所示。

图 2.21　尖嘴钳

5）斜口钳

斜口钳主要用于剪切导线、元器件多余的引线，还常用来代替一般剪刀剪切绝缘套管、尼龙扎线卡等，绝缘柄耐压为 1 000 V。电工常用的有 150 mm、175 mm、200 mm 及 250 mm 等多种规格。使用方法与钢丝钳相同。斜口钳如图 2.22 所示。

图 2.22　斜口钳

3. 电工刀

电工刀是电工常用的一种切削工具，是用来剥离大直径导线绝缘层、切割木台缺口、削制木榫的专用工具。普通的电工刀由刀片、刀刃、刀柄、刀挂等构成。不用时，把刀片收缩到刀柄内。刀片根部与刀柄相铰接，有的电工刀刀片上带有刻度线及刻度标识，前端设计有螺丝刀刀头，两面加工有锉刀面区域；刀刃上具有一段内凹形弯刀口，弯刀口末端形成刀口尖；刀柄上设有防止刀片退弹的保护钮。电工刀如图2.23所示。

图 2.23　电工刀

（1）使用方法

使用电工刀时，应将刀口朝外，并使刀面与导线成较小锐角，以免割伤导线；用力不宜太猛，以免割伤手部。

（2）注意事项

①电工刀柄无绝缘保护，不能在带电导线或器材上剥削以免触电。

②电工刀的刀尖是剥削作业的必需部位，应避免在硬器上划损或碰撞，刀刃应经常保持锋利，宜用油石磨刀。

③电工刀用毕应将刀片折进刀柄。

4. 扳手

扳手是一种常用的安装或拆卸工具，利用杠杆原理紧固和松动螺栓、螺钉、螺母或其他螺纹紧固件。常用的是活动扳手，由头部和柄部组成，头部由活动扳唇、呆扳唇、扳口、涡轮和轴销组成。活动扳手可在规定范围内任意调整扳唇开口的大小，用于旋动、紧固螺母或者拆卸螺母、螺栓等。扳手如图2.24所示。

图 2.24　扳手

（1）使用方法

①右手握手柄，扳动大螺母时手应握在靠近柄尾处，扳动小螺母时手应握在手柄前端；顺时针拧紧，逆时针旋出。

②拧紧螺母时，呆扳唇在上，活动扳唇在下；拧松螺母时，呆扳唇在下，活动

扳唇在上。

（2）注意事项

①活动扳手不可反用，以免损坏活动扳唇，也不可用钢管接长手柄来施加较大的扳拧力矩。

②活动扳手不得当撬棍或手锤使用。

5. 验电器

验电器是一种检测导线、开关等电气装置是否带电以及粗略估计带电量大小的仪器。验电器又分为低压验电器和高压验电器。

1）低压验电器

低压验电器又称电笔，是检测导线、电器是否带电的一种常用工具，检测范围为 50~500 V，有钢笔式、螺钉旋具式、组合式等多种类型。低压验电器的结构由笔尖金属体、降压电阻、氖管、弹簧、笔尾金属体等组成。低压验电器的组成及使用分别如图 2.25 和图 2.26 所示。

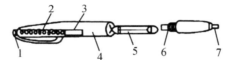

1—笔尾金属体；2—弹簧；3—观察窗；4—笔身；5—氖管；6—降压电阻；7—笔尖金属体。

(a)钢笔式

(b)螺钉旋具式

图 2.25 低压验电器的组成

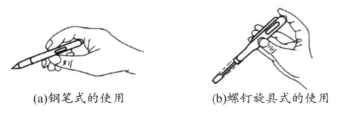

(a)钢笔式的使用　　　　　(b)螺钉旋具式的使用

图 2.26 低压验电器的使用

（1）使用方法

使用钢笔式验电器时手指握住笔身，手指必须接触笔尾金属体；使用螺钉旋具式验电器时食指必须接触顶部金属螺钉，小窗口应该朝向自己的眼睛，以便于观察。

（2）注意事项

①使用前先在有电的导体上检查电笔是否正常发光，验证电笔的可靠性。

②在较强的光线下或阳光下测试带电体时，应采取适当避光措施，以防观察不到氖管是否发亮，造成误判。

③低压验电器可用来区分相线（火线）和零线，接触时氖管发亮的是相线，不亮的是零线。它也可用来判断电压的高低，氖管越暗，则表明电压越低；氖管越亮，则表明电压越高。

④当用低压验电器触及电动机、变压器等电气设备外壳时，如果氖管发亮，则说明该设备的相线有漏电现象。

⑤用低压验电器测量三相三线制电路时，如果两相很亮而另一相不亮，说明不亮的一相有接地现象。在三相四线制电路中，发生单相接地现象时，用低压验电器测量中性线，氖管也会发亮。

⑥用低压验电器测量直流电路时，把低压验电器连接在直流电的正负极之间，氖管里两个电极只有一个发亮，氖管发亮的一端为直流电的负极。

⑦低压验电器笔尖与螺钉旋具形状相似，但其可承受的扭矩很小，因此应尽量避免用其安装或拆卸电气设备，以防受损。

2）高压验电器

高压验电器又称为高压测电器，其结构如图 2.27 所示。

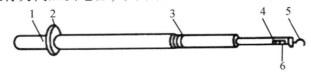

1—握柄；2—罩护环；3—紧固螺钉；4—氖管；5—金属钩；6—氖管窗。

图 2.27　高压验电器

（1）使用方法

操作人员一定要戴绝缘手套，穿绝缘靴，防止跨步电压或接触电压对人体的伤害。操作者应手握罩护环以下的握柄部分，先在有电设备上进行检测，检测时，应渐渐地移近带电设备至发光或发声为止，以验证验电器的可靠性。然后再在需要验电的设备上进行检测，检测完毕立即撤回。

（2）注意事项

①在雨、雪、雾或湿度较大的天气时，不允许在户外使用，以免发生危险。

②在使用验电器前，要检查确认其性能良好。

③人体与带电体之间要有 0.7 m 以上的距离，检测时要防止发生相间短路或对地短路事故。

④验电时，必须配备符合要求的绝缘手套，要有人在旁边监护，不可单独操作。

3）绝缘电阻测试仪

绝缘电阻测试仪是一种广泛应用于电力系统和用电设备绝缘电阻检测的仪表，其单位用 MΩ 表示。

图 2.13　绝缘电阻测试仪

选用和使用：

（1）测量前必须将被测设备电源切断，并对地短路放电，绝不允许设备带电进行测量，以保证人身和设备的安全。

（2）被测设备表面要清洁，减少接触电阻，确保测量结果的准确性。

（3）测量前要检查绝缘电阻测试仪是否处于正常工作状态，主要检查"0"和"∞"两点位置。绝缘电阻测试仪在短路时，指针应指在"0"位置；开路时，指针应指在"∞"位置。

（4）在使用该产品时手不可触及测试棒的金属部分，以保证安全和测量的准确度。

（5）测试完毕后按下"RESET"键或测试时间到仪器自动复位后，才可取下被测件。

2.1.3.5　素质养成

学习常用电工工具，掌握基础的理论知识，学生通过自学、查资料，调动学习的主观能动性；相互讨论、小组成员轮流发言，培养学生沟通、团队合作的能力；合理选用电工工具，注意爱惜、爱护工具，正确安全地操作，培养学生的实践能力、职业素养和安全意识。

2.1.3.6　任务分组（见表 2.12）

表 2.12　任务分组表

班级		组号		指导教师	
组长		学号			
组员	姓名	学号		姓名	学号
任务分工					

2.1.3.7 自主探学

任务工作单

组号：_____ 姓名：_____ 学号：_____ 检索号：2137-1

引导问题：

（1）写出常用电工工具的名称及作用。

_____

_____

（2）写出常用电工工具的使用方法及注意事项。

_____

_____

_____

2.1.3.8 合作研学

任务工作单

组号：_____ 姓名：_____ 学号：_____ 检索号：2138-1

引导问题：

（1）小组交流讨论，教师参与，写出常用电工工具的名称及作用，可演示使用方法，口述使用的注意事项。

_____

_____

_____

（2）记录自己的不足之处。

_____

_____

2.1.3.9 展示赏学

任务工作单

组号：_____ 姓名：_____ 学号：_____ 检索号：2139-1

引导问题：

（1）每小组推荐一位小组长，讲解常用电工工具的名称、结构、作用，并演示使用工具的方法。

_____

_____

（2）检讨本组每个人在学习过程中的问题，反思不足。

_____

_____

_____

2.1.3.10　评价反馈（见表 2.13~表 2.16）

表 2.13　个人自评表

组号：_____　姓名：_____　学号：_____　检索号：21310-1

班级			日期	年　月　日
评价指标	评价内容		分数	分数评定
信息检索能力	能有效利用网络、图书资源查找有用的相关信息；能将查到的信息有效地应用到学习中		10分	
感知课堂生活	熟悉检测工作岗位，认同工作价值；在学习中能获得满足感，课堂活跃		10分	
参与态度、交流沟通	积极主动与教师、同学交流，相互尊重、理解，平等相待；与教师、同学之间能够保持多向、丰富、适宜的信息交流		10分	
	能处理好合作学习和独立思考的关系，做到有效学习；能提出有意义的问题或能发表个人见解		10分	
知识、能力获得情况	熟悉常用电工工具名称及作用		10分	
	掌握常用电工工具的使用方法		10分	
	牢记常用电工工具使用的注意事项		10分	
	正确安全地完成操作		10分	
思维态度	能发现问题、提出问题、分析问题、解决问题，具有创新思维		10分	
自评反思	按时按质完成任务；较好地掌握知识点；具有较强的信息分析能力和理解能力；具有较为全面严谨的思维能力　并能条理清楚地表达		10分	
自评分数				
有益的经验和做法				
总结反馈建议				

表 2.14　小组内互评验收表

组号：_____　　姓名：_____　　　学号：_____　　　检索号：21310-2

班级		组名		日期	年　月　日
验收组长		成员		分数	分数评定
验收任务	熟悉常用电工工具的名称及作用； 掌握常用电工工具的使用方法； 牢记常用电工工具使用的注意事项； 正确安全地完成操作； 文献检索目录				
验收档案 （被验收者）	2137-1； 2138-1； 文献检索清单				
验收评价 标准	说出常用电工工具的名称及作用，错一个扣5分			20分	
	掌握常用电工工具的使用方法，错一个扣5分			25分	
	牢记常用电工工具使用的注意事项，错一个扣5分			25分	
	能正确演示使用电工工具，错一处扣5分			20分	
	文献检索清单不少于5个，少一个扣2分			10分	
评价分数					
该同学的不足之处					
有针对性的改进建议					

表 2.15　小组间互评表

被评组号：_____　　　检索号：21310-3

班级		评价小组		日期	年　月　日
评价指标	评价内容			分数	分数评定
汇报表述	表述准确			15分	
	语言流畅			10分	
	准确反映小组完成情况			15分	
内容正确度	内容正确			30分	
	句型表达到位			30分	
互评分数					
简要评述					

表 2.16　教师评价表

组号：_____　姓名：_____　学号：_____　检索号：21310-4

班级		组名		姓名		
出勤情况						
评价内容	评价要点	考察要点		分数	老师评定	
					结论	分数
查阅文献情况	任务实施过程中文献查阅	（1）是否查阅信息资料		10 分		
		（2）正确运用信息资料				
互动交流情况	组内交流，教学互动	（1）积极参与交流		20 分		
		（2）主动接受教师指导				
任务完成情况	熟悉常用电工工具的名称及作用	（1）根据表达的清晰程度酌情赋分		5 分		
		（2）内容正确，错一处扣 2 分		5 分		
	掌握常用电工工具的使用方法	（1）根据表达的清晰程度酌情赋分		5 分		
		（2）内容正确，错一处扣 2 分		5 分		
	牢记常用电工工具使用的注意事项	（1）根据表达的清晰程度酌情赋分		10 分		
		（2）内容正确，错一处扣 2 分		10 分		
	正确安全地完成操作	（1）根据操作情况酌情赋分		5 分		
		（2）内容正确，错一处扣 2 分		5 分		
	文献检索目录	（1）数量达标，少一个扣 2 分		5 分		
		（2）根据文献匹配度酌情赋分		5 分		
素质目标达成度	团队协作	根据情况酌情赋分		10 分		
	自主探究	根据情况酌情赋分				
	学习态度	根据情况酌情赋分				
	课堂纪律	根据情况酌情扣分				
	出勤情况	缺勤 1 次扣 2 分				
	多角度分析、统筹全局	根据情况酌情赋分				
	善于沟通、团队协作	根据情况酌情赋分				
	严谨细致、精益求精	根据情况酌情赋分				
合　计						

项目 2.2　自动化滑仓系统电气–气动控制回路

任务 2.2.1　传感器

2.2.1.1　任务描述

根据自动化滑仓系统装配图（图 2.28），完成自动化滑仓系统里包含的传感器识读，写出传感器功能、工作原理以及检测方法。

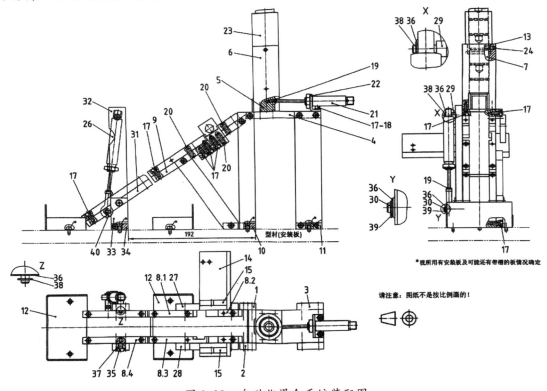

图 2.28　自动化滑仓系统装配图

2.2.1.2　学习目标

1. 知识目标

（1）能看懂自动化滑仓系统装配图。

（2）掌握自动化滑仓系统装配图中传感器的种类、作用。

（3）了解自动化滑仓系统装配图中各类传感器的工作原理。

2. 能力目标

（1）能正确安装自动化滑仓系统中所有的传感器。

（2）能熟练检测传感器的好坏。

3. 素质目标

（1）培养学生的安全意识、规则意识和合作精神。

（2）培养学生多角度分析、统筹全局的工作意识。

（3）培养学生善于沟通、团队协作的职业素养。

（4）培养学生严谨细致、精益求精的工匠精神。

2.2.1.3 任务分析

1. 重点

（1）能够完成电气-气动控制柜主回路中自动化滑仓系统部分电路图的识读。

（2）能够说出各传感器在自动化滑仓系统里面的作用。

2. 难点

能够正确检测各类传感器的好坏。

2.2.1.4 相关知识链接

1. 电感式传感器（型号：LJ18A3-8-Z/AX）

（1）电感式传感器的电气符号及标识

电感式传感器及其电气符号如图 2.29 和图 2.30 所示，其标识为-B1。

图 2.29 电感式传感器

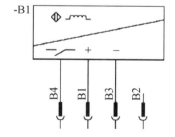

图 2.30 电感式传感器的电气符号

（2）电感式传感器的工作原理

电感式传感器是利用电磁感应原理将被测量的非电物理量（如位移、温度、压力、流量、振动等）转换成线圈自感量 L 或互感量 M 的变化，再由测量电路把 L 或 M 的变化转换为电压或电流的变化量输出。

（3）电感式传感器的使用注意事项及检测方法

注意事项：电感式传感器用于检测金属物体，安装时要注意不要被工件干扰导致检测物件不准确。

检测方法：电感式传感器的黑色线接 PLC 输入端，棕色线接电源+24V ，蓝色线接电源−24V ，当有金属物体靠近传感器时，PLC 有输入信号。

2. 电容式传感器（型号：LJ12A3-4-Z/BX）

（1）电容式传感器的电气符号及标识

电容式传感器及其电气符号如图 2.31 和图 2.32 所示，其标识为-B2。

图 2.31　电容式传感器

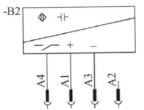

图 2.32　电容式传感器的电气符号

（2）电容式传感器的工作原理

电容式传感器的核心部分就是具有可变参数的电容器。若忽略边缘效应，平行金属板电容器的电容公式如下：

$$C = \varepsilon \frac{S}{d}$$

式中 ε 为极板间介质的介电常数，S 为两电极互相覆盖的有效面积，d 为两电极之间的距离。ε、S、d 三个参数中任一个的变化都将引起电容量变化，如果保持其中两个不变，而仅仅改变其中一个参数，就可以把该参数的变化转换为电容量的变化，通过测量电压、电流等就可以转化为电量输出。

（3）电容式传感器的使用注意事项及检测方法

注意事项：电容式传感器用于检测物料的位置、距离等，根据安装位置确定电容式传感器的型号，防止传感器头伸出过长阻碍设备运行。

检测方法：电容式传感器的黑色线接 PLC 输入端，棕色线接电源+24V，蓝色线接电源−24V，当有物体靠近传感器时，PLC 有输入信号。

3. 磁性开关（型号：D-Z73）

（1）磁性开关的电气符号

磁性开关及其电气符号如图 2.33 和图 2.34 所示。

图 2.33　磁性开关

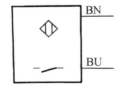

图 2.34　磁性开关的电气符号

（2）磁性开关的工作原理

磁性开关中的干簧管又称为磁控管，是利用磁场信号来控制的一种开关元器件，能够用来检测机械运动或电路的状态。磁性开关不处在工作状态或无磁场时，干簧管中的两个簧片是不接触的，此时电路断开。如果有磁性物质接近玻璃管时，在磁场的作用下，两个簧片会被磁化而相互吸合在一起，从而使电路接通。当磁性物质消失后，没有外磁力的影响，两个簧片又会因为自身所具有的弹性而分开，此时电路断开。

（3）磁性开关的使用注意事项及检测方法

注意事项：安装磁性开关时，要注意接线端子连接牢固，避免出现信号无法被识别的问题。其次，要注意保护导线，避免出现导线被破坏或是导线缠绕。

检测方法：磁性开关的黑色线接 PLC 输入端，棕色线接电源+24V，蓝色线接电源−24V，气缸伸缩到位，PLC 有输入信号。

4. 光电传感器

（1）光电传感器的电气符号

光电传感器及其电气符号如图 2.35 和图 2.36 所示。

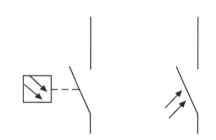

图 2.35　光电传感器　　　　　图 2.36　光电传感器的电气符号

（2）光电传感器的工作原理

光电传感器是通过把光强度的变化转换成电信号的变化来实现控制的元器件。光电传感器在一般情况下，由发送器、接收器和检测电路三部分构成。发送器对准目标发射光束，发射的光束一般来源于半导体光源，如发光二极管（LED）、激光二极管及红外发射二极管。光束可以不间断地发射，或者以改变脉冲宽度的形式发射。接收器由光电二极管、光电三极管、光电池组成，用于接收光束。在接收器的前面，装有光学元件如透镜和光圈等，用于聚焦光束或调节光强。在接收器后面是检测电路，它能滤出有效信号并应用该信号。

（3）光电传感器的使用注意事项及检测方法

注意事项：光电传感器分为漫反射式、对射式和镜面反射式等。对于不同的材料要合理选用传感器类型。对于颜色深浅判断的原理为：黑色吸收所有光，白色反射所有光。所以检测深色时，传感器反馈为 1；检测白色时，传感器反馈为 0。

检测方法：光电传感器的黑色线接 PLC 输入端，棕色线接电源+24V，蓝色线接电源−24V，当有物体靠近传感器时，PLC 有输入信号。调节光放大器的灵敏度，可以测量不同颜色（黑色和白色）的物体。

2.2.1.5　素质养成

根据传感器的任务描述，结合任务需要提升学生查询资料、自我学习的能力素养；完成任务工作单过程中，小组成员轮流发言可以培养学生善于沟通、团队协作的职业素养；检测各类传感器时，可以培养学生严谨细致、精益求精的工匠精神。

2.2.1.6　任务分组（见表 2.17）

表 2.17　任务分组表

班级		组号		指导教师	
组长		学号			
组员	姓名	学号		姓名	学号
任务分工					

2.2.1.7　自主探学

任务工作单 1

组号：_____　姓名：_____　学号：_____　检索号：2217-1

引导问题：

（1）请写出常用传感器的名称。

_____

_____

（2）画出自动化滑仓系统装配图中各类传感器的位置。

_____

_____

任务工作单 2

组号：_____　姓名：_____　学号：_____　检索号：2217-2

引导问题：

（1）写出各类传感器在自动化滑仓系统中的作用。

_____

_____

（2）如何通过自动化滑仓系统装配图确定各类传感器的安装位置？

_____

_____

_____

2.2.1.8　合作研学

任务工作单

组号：_____　姓名：_____　学号：_____　检索号：<u>2218-1</u>

引导问题：

（1）小组交流讨论，教师参与，写出各类传感器的工作原理。

_____

_____

（2）记录自己存在的不足。

_____

_____

2.2.1.9　展示赏学

任务工作单

组号：_____　姓名：_____　学号：_____　检索号：<u>2219-1</u>

引导问题：

（1）每小组推荐一位小组长，讲述传感器在自动化滑仓系统中的作用。

_____

_____

（2）检讨本组每个人在学习过程中的问题，反思不足。

_____

_____

2.2.1.10　自动化滑仓系统装配图的识读

任务工作单

组号：_____　姓名：_____　学号：_____　检索号：<u>22110-1</u>

引导问题：

（1）根据自动化滑仓系统装配图的识图方法，以及传感器在回路中的安装位置，阐述其工作原理。

（2）对比分析自动化滑仓系统里面所用的传感器，并填写表2.18。

表2.18　元器件作用表

元器件符号	元器件名称	元器件作用

2.2.1.11　评价反馈（见表2.19～表2.22）

表2.19　个人自评表

组号：_____　姓名：_____　学号：_____　检索号：22111-1

班级		组名		日期	年　月　日
评价指标	评价内容			分数	分数评定
信息检索能力	能有效利用网络、图书资源查找有用的相关信息；能将查到的信息有效地应用到学习中			10分	
感知课堂生活	熟悉检测工作岗位，认同工作价值；在学习中能获得满足感，课堂活跃			10分	
参与态度、交流沟通	积极主动与教师、同学交流，相互尊重、理解，平等相待；与教师、同学之间能够保持多向、丰富、适宜的信息交流			10分	
	能处理好合作学习和独立思考的关系，做到有效学习；能提出有意义的问题或能发表个人见解			10分	
知识、能力获得情况	掌握自动化滑仓系统装配图里传感器的识读方法			10分	
	掌握各传感器的作用			10分	
	能确定各传感器的安装位置			10分	
	能说出各传感器的工作原理			10分	
思维态度	能发现问题、提出问题、分析问题、解决问题，具有创新思维			10分	

班级		组名		日期	年　月　日
评价指标	评价内容			分数	分数评定
自评反思	按时按质完成任务；较好地掌握知识点；具有较强的信息分析能力和理解能力；具有较为全面严谨的思维能力，并能条理清楚地表达			10 分	
自评分数					
有益的经验和做法					
总结反馈建议					

表 2.20　小组内互评验收表

组号：_____　　姓名：_____　　学号：_____　　检索号：22111-2

班级		组名		日期	年　月　日
验收组长		成员		分数	分数评定
验收任务	掌握自动化滑仓系统装配图里传感器的识读方法； 掌握各传感器的作用； 能确定各传感器的安装位置； 文献检索目录				
验收档案 （被验收者）	2217-1； 2217-2； 22110-1； 文献检索清单				
验收评价标准	掌握自动化滑仓系统装配图里传感器的识读，错一个扣 2 分			20 分	
	掌握各传感器的作用，错一个扣 5 分			30 分	
	知道各传感器正确安装位置，错一个扣 5 分			20 分	
	能准确阐述电路的工作原理，错一处扣 10 分			20 分	
	文献检索清单不少于 5 个，少一个扣 2 分			10 分	
评价分数					
该同学的不足之处					
有针对性的改进建议					

表 2.21 小组间互评表

被评组号：＿＿＿＿＿＿＿＿＿＿＿＿＿＿＿＿＿＿ 检索号：22111-3

班级		评价小组		日期	年　月　日
评价指标	评价内容			分数	分数评定
汇报表述	表述准确			15 分	
	语言流畅			10 分	
	准确反映小组完成情况			15 分	
内容正确度	内容正确			30 分	
	句型表达到位			30 分	
互评分数					
简要评述					

表 2.22 教师评价表

组号：＿＿＿＿＿＿ 姓名：＿＿＿＿＿＿ 学号：＿＿＿＿＿＿ 检索号：22111-4

班级		组名		姓名		
出勤情况						
评价内容	评价要点	考察要点	分数	老师评定		
				结论	分数	
查阅文献情况	任务实施过程中文献查阅	(1) 是否查阅信息资料	10 分			
		(2) 正确运用信息资料				
互动交流情况	组内交流，教学互动	(1) 积极参与交流	20 分			
		(2) 主动接受教师指导				
任务完成情况	掌握自动化滑仓系统装配图里传感器的识读方法	(1) 根据表达的清晰程度酌情赋分	5 分			
		(2) 内容正确，错一处扣 2 分	5 分			
	掌握各传感器的作用	(1) 根据表达的清晰程度酌情赋分	5 分			
		(2) 内容正确，错一处扣 2 分	5 分			
	能确定各传感器的安装位置	(1) 根据表达的清晰程度酌情赋分	5 分			
		(2) 内容正确，错一处扣 2 分	5 分			
	能说出各传感器的工作原理	(1) 根据表达的清晰程度酌情赋分	10 分			
		(2) 内容正确，错一处扣 2 分	10 分			
	文献检索目录	(1) 数量达标，少一个扣 2 分	5 分			
		(2) 根据文献匹配度酌情赋分	5 分			

班级			组名		姓名	
出勤情况						

评价内容	评价要点	考察要点	分数	老师评定	
				结论	分数
素质目标达成度	团队协作	根据情况酌情赋分	10分		
	自主探究	根据情况酌情赋分			
	学习态度	根据情况酌情赋分			
	课堂纪律	根据情况酌情扣分			
	出勤情况	缺勤 1 次扣 2 分			
	安全意识和规则意识	根据情况酌情赋分			
	多角度分析、统筹全局	根据情况酌情赋分			
	善于沟通、团队协作	根据情况酌情赋分			
	严谨细致、精益求精	根据情况酌情赋分			
合　计					

任务 2.2.2　其他元器件

2.2.2.1　任务描述

根据自动化滑仓系统装配实物图（图2.37、图2.38），完成自动化滑仓系统里其他元器件的识读，写出其作用和使用的注意事项。

图 2.37　自动化滑仓系统装配实物图 1

图 2.38　自动化滑仓系统装配实物图 2

2.2.2.2　学习目标

1. 知识目标

（1）能看懂自动化滑仓系统装配实物图。

（2）熟悉自动化滑仓系统装配图中其他元器件的名称、作用。

（3）了解自动化滑仓系统装配图中其他元器件的工作原理。

2. 能力目标

（1）能正确安装自动化滑仓系统的其他元器件。

（2）能熟练选用自动化滑仓系统中的其他元器件。

3. 素质目标

（1）培养学生的安全意识、规则意识。

（2）培养学生多角度分析、统筹全局的工作意识。

（3）培养学生善于沟通、团队协作的职业素养。

（4）培养学生严谨细致、精益求精的工匠精神。

2.2.2.3 任务分析

1. 重点

（1）能够完成电气-气动控制柜主回路中自动化滑仓系统部分电路图的识读。

（2）能够说出自动化滑仓系统中其他元器件的作用。

2. 难点

能够正确安装自动化滑仓系统中的其他元器件。

2.2.2.4 相关知识链接

1. 气缸

（1）气缸的电气符号及标识

气缸及其电气符号如图 2.39 和图 2.40 所示，其标识为-M××（图中示例为-M10）。

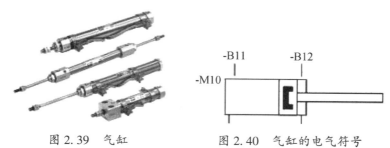

图 2.39 气缸   图 2.40 气缸的电气符号

（2）气缸的作用

气缸是气动回路中的执行元器件。

（3）使用气缸的注意事项

选择气缸型号时，要注意选择带有磁环的气缸，否则会造成磁性开关无法检测气缸的状态。

2. 减压阀

（1）减压阀的电气符号及标识

减压阀及其电气符号如图 2.41 和图 2.42 所示，其标识为-Q×（图中示例为-Q8）。

图 2.41　减压阀

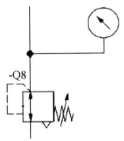

图 2.42　减压阀的电气符号

（2）减压阀的作用

减压阀常用于控制气源输入气动回路中的气压。

（3）使用减压阀的注意事项

安装减压阀时，要注意元器件上的标识。减压阀是单向阀，安装反了没办法实现功能。

3. 双电控三位五通电磁阀

（1）双电控三位五通电磁阀的电气符号及标识

双电控三位五通电磁阀及其电气符号如图 2.43 和图 2.44 所示，其标识为-Q×（图中示例为-Q10）。

图 2.43　双电控三位五通电磁阀

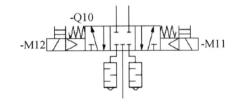

图 2.44　双电控三位五通电磁阀的电气符号

（2）双电控三位五通电磁阀的作用

双电控三位五通电磁阀是用于控制流体流向的装置。

（3）使用双电控三位五通电磁阀的注意事项

针对图 2.43 中 3 个三位五通电磁阀的同时使用，可以采用阀岛将三位五通电磁阀集中在一起节省空间和元器件。

4. 消音器

（1）消音器的电气符号

消音器及其电气符号如图 2.45 和图 2.46 所示。

图 2.45　消音器

图 2.46　消音器的电气符号

（2）消音器的作用

消音器起到消音的作用，用于减小排气脉动，并尽可能降低排气噪声，还可以防止环境中灰尘等细小颗粒进入电磁阀，否则会导致电磁阀阀芯运动受阻，从而降低电磁阀的使用寿命。

（3）使用消音器的注意事项

安装消音器时需要在螺纹部分使用生料带，并且采购消音器一定要注意螺纹尺寸的选择。

5. 单电控两位五通电磁阀

（1）单电控两位五通电磁阀的电气符号及标识

单电控两位五通电磁阀及其电气符号如图 2.47 和图 2.48 所示，其标识为-Q×（图中示例为-Q9）。

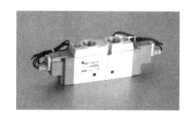

图 2.47　单电控两位五通电磁阀

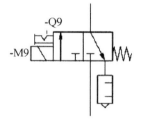

图 2.48　单电控两位五通电磁阀的电气符号

（2）单电控两位五通电磁阀的作用

单电控两位五通电磁阀是用于控制流体流向的装置。

（3）使用单电控两位五通电磁阀的注意事项

单电控两位五通电磁阀在断电期间会自动复位。

6. 单向节流阀

（1）单向节流阀的电气符号及标识

单向节流阀及其电气符号如图 2.49 和图 2.50 所示，其标识为-R××（图中示例为-R11）。

图 2.49　单向节流阀

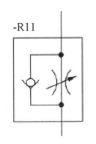

图 2.50　单向节流阀的电气符号

（2）单向节流阀的作用

单向节流阀常用于调节和控制流体流量的方向和速度。

（3）使用单向节流阀的注意事项

为了确保液压系统的正常工作，单向节流阀的方向必须正确；单向节流阀在运行中如果出现泄漏或堵塞等情况，需要及时进行维修和清理。

2.2.2.5　素质养成

根据其他元器件的任务描述，结合任务需要提升学生查询资料、自我学习的能力素养；完成任务工作单过程中，小组成员轮流发言可以培养学生善于沟通、团队协作的职业素养；识读分析自动化滑仓系统装配图中元器件的位置、尺寸等，可以培养学生严谨细致、精益求精的工匠精神。

2.2.2.6　任务分组（见表 2.23）

表 2.23　任务分组表

班级		组号		指导教师	
组长		学号			
组员	姓名	学号		姓名	学号
任务分工					

2.2.2.7　自主探学

任务工作单 1

组号：＿＿＿＿＿＿　姓名：＿＿＿＿＿＿　学号：＿＿＿＿＿＿　检索号：2227−1

引导问题：

（1）请写出自动化滑仓系统装配图中其他元器件的名称。

_____

_____

（2）画出自动化滑仓系统装配图中其他元器件的位置。

_____

_____

_____

任务工作单 2

组号：_____　姓名：_____　学号：_____　检索号：2227-2

引导问题：

（1）写出其他元器件在自动化滑仓系统中的作用。

_____

_____

（2）如何根据装配图确定其他元器件的安装位置？

_____

_____

_____

2.2.2.8　合作研学

任务工作单

组号：_____　姓名：_____　学号：_____　检索号：2228-1

引导问题：

（1）小组交流讨论，教师参与，写出其他元器件的工作原理。

_____

_____

_____

（2）记录自己存在的不足。

_____

_____

_____

2.2.2.9　展示赏学

任务工作单

组号：_____　姓名：_____　学号：_____　检索号：2229-1

引导问题：

（1）每小组推荐一位小组长，讲述电气-气动控制柜主回路中其他元器件在电路中的作用。

_____

_____

（2）检讨本组每个人在学习过程中的问题，反思不足。

_____

_____

_____

2.2.2.10 装配图的识读

任务工作单

组号：_____ 姓名：_____ 学号：_____ 检索号：22210-1

引导问题：

（1）结合其他元器件在电路中的安装位置，阐述电路的工作原理。

（2）对比分析标准的各元器件的作用，并填写表 2.24。

表 2.24 元器件的作用

元器件符号	元器件名称	元器件作用	原因分析

2.2.2.11 评价反馈（见表 2.25～表 2.28）

表 2.25 个人自评表

组号：_____ 姓名：_____ 学号：_____ 检索号：22211-1

班级		组名		日期	年　月　日
评价指标	评价内容			分数	分数评定
信息检索能力	能有效利用网络、图书资源查找有用的相关信息；能将查到的信息有效地应用到学习中			10 分	

续表

班级		组名		日期	年　月　日
评价指标	评价内容			分数	分数评定
感知课堂生活	熟悉检测工作岗位，认同工作价值；在学习中能获得满足感，课堂活跃			10 分	
参与态度、交流沟通	积极主动与教师、同学交流，相互尊重、理解，平等相待；与教师、同学之间能够保持多向、丰富、适宜的信息交流			10 分	
	能处理好合作学习和独立思考的关系，做到有效学习；能提出有意义的问题或能发表个人见解			10 分	
知识、能力获得情况	熟悉电气–气动控制柜主回路电路图中其他元器件的标识及明白其含义			10 分	
	掌握电气–气动控制柜主回路中其他元器件的作用			10 分	
	能确定其他元器件的安装位置			10 分	
	能说出电路的工作原理			10 分	
思维态度	能发现问题、提出问题、分析问题、解决问题，具有创新思维			10 分	
自评反思	按时按质完成任务；较好地掌握知识点；具有较强的信息分析能力和理解能力；具有较为全面严谨的思维能力，并能条理清楚地表达			10 分	
自评分数					
有益的经验和做法					
总结反馈建议					

表 2.26　小组内互评验收表

组号：＿＿＿＿　姓名：＿＿＿＿　学号：＿＿＿＿　检索号：22211-2

班级		组名		日期	年　月　日
验收组长		成员		分数	分数评定
验收任务	熟悉主回路电路图中其他元器件的标识及明白其含义；掌握主回路中其他元器件的作用；能确定其他元器件的安装位置；能说出电路的工作原理；文献检索目录				
验收档案（被验收者）	2227-1；2227-2；22210-1；文献检索清单				

班级		组名		日期	年 月 日
验收组长		成员		分数	分数评定
验收评价标准	熟悉控制柜主回路中其他元器件的标识及明白其含义，错一个扣2分			20分	
	掌握控制柜主回路中其他元器件的作用，错一个扣5分			30分	
	知道其他元器件的正确安装位置，错一个扣5分			20分	
	能准确阐述电路的工作原理，错一处扣10分			20分	
	文献检索清单不少于5个，少一个扣2分			10分	
评价分数					
该同学的不足之处					
有针对性的改进建议					

表 2.27 小组间互评表

被评组号：_____   检索号：22211-3

班级		评价小组		日期	年 月 日
评价指标	评价内容			分数	分数评定
汇报表述	表述准确			15分	
	语言流畅			10分	
	准确反映小组完成情况			15分	
内容正确度	内容正确			30分	
	句型表达到位			30分	
互评分数					
简要评述					

表 2.28 教师评价表

组号：_____   姓名：_____   学号：_____   检索号：22211-4

班级		组名		姓名	
出勤情况					
评价内容	评价要点	考察要点		分数	老师评定
					结论 / 分数
查阅文献情况	任务实施过程中文献查阅	（1）是否查阅信息资料		10分	
		（2）正确运用信息资料			

续表

班级		组名		姓名	
出勤情况					

评价内容	评价要点	考察要点	分数	老师评定	
				结论	分数
互动交流情况	组内交流，教学互动	（1）积极参与交流	20分		
		（2）主动接受教师指导			
任务完成情况	熟悉电气-气动控制柜主回路电路图中其他元器件的标识及含义	（1）根据表达的清晰程度酌情赋分	5分		
		（2）内容正确，错一处扣2分	5分		
	掌握电气-气动控制柜主回路电路图中其他元器件的作用	（1）根据表达的清晰程度酌情赋分	5分		
		（2）内容正确，错一处扣2分	5分		
	能确定其他元器件的安装位置	（1）根据表达的清晰程度酌情赋分	5分		
		（2）内容正确，错一处扣2分	5分		
	能说出电路的工作原理	（1）根据表达的清晰程度酌情赋分	10分		
		（2）内容正确，错一处扣2分	10分		
	文献检索目录	（1）数量达标，少一个扣2分	5分		
		（2）根据文献匹配度酌情赋分	5分		
素质目标达成度	团队协作	根据情况酌情赋分	10分		
	自主探究	根据情况酌情赋分			
	学习态度	根据情况酌情赋分			
	课堂纪律	根据情况酌情扣分			
	出勤情况	缺勤1次扣2分			
	安全意识和规则意识	根据情况酌情赋分			
	多角度分析、统筹全局	根据情况酌情赋分			
	善于沟通、团队协作	根据情况酌情赋分			
	严谨细致、精益求精	根据情况酌情赋分			
合　计					

模块 3 自动化滑仓系统电气控制柜的识读与安装

项目 3.1 电气控制柜主回路的识读与安装

任务 3.1.1 电气控制柜主回路的识读

3.1.1.1 任务描述

根据自动化滑仓系统电气控制柜主回路电路图（图 3.1），完成电气控制柜主回路的识读，写出主回路中的元器件名称及其功能；写出主回路电路的工作原理。

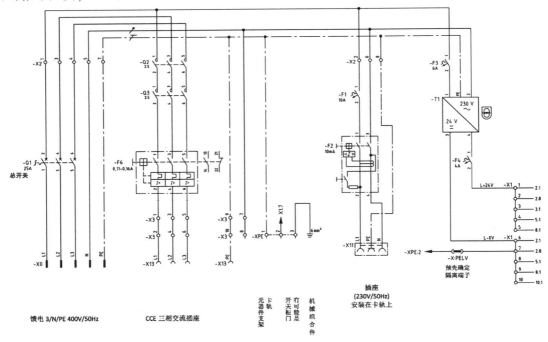

图 3.1 自动化滑仓系统电气控制柜主回路电路图

3.1.1.2　学习目标

1. 知识目标

（1）熟悉电路图中元器件的电气符号含义。

（2）掌握元器件在电路中的安装位置。

（3）了解元器件在电路中的作用。

2. 能力目标

（1）能正确说出电路图中元器件的电气符号含义。

（2）能根据电路图正确描述元器件的工作原理。

3. 素质目标

（1）培养学生的安全意识、规则意识。

（2）培养学生多角度分析、统筹全局的工作意识。

（3）培养学生善于沟通、团队协作的职业素养。

（4）培养学生严谨细致、精益求精的工匠精神。

3.1.1.3　任务分析

1. 重点

能够完成电气控制柜主回路电路图的识读。

2. 难点

能够准确描述电路图中各元器件的功能和工作原理。

3.1.1.4　相关知识链接

1. 电路图读图规则

（1）图框的位置依靠横栏数字和纵栏字母组合定位。

（2）跳转标识为跳转页数加跳转页横栏数字，两者用小数点隔开。

数字标号表示如图 3.2 所示，读图的顺序一般按照电流流入→流出方向。

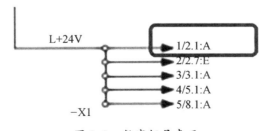

图 3.2　数字标号表示

2. 电气符号识读

1）CEE 三相五线插头

CEE 三相五线插头在主回路电路中的位置如图 3.3 所示。

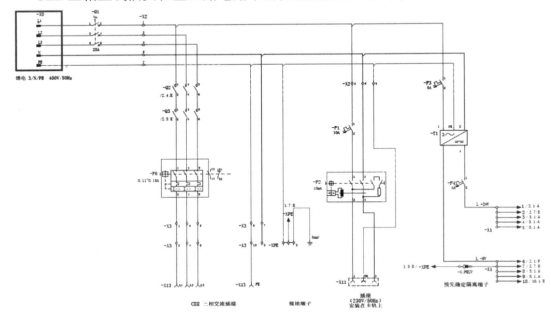

图 3.3　CEE 三相五线插头在主回路电路中的位置

图 3.4 为 CEE 三相五线插头的电气符号，CEE 三相五线插头常用于工业电力连接。其中 –X0 为 CEE 三相五线插头的标识，L1、L2、L3 为三个相线，N 为零线，PE 为地线。图 3.5 为本项目中所使用的 CEE 三相五线插头。

图 3.4　CEE 三相五线插头的电气符号　　　图 3.5　CEE 三相五线插头

注意事项：

（1）安装 CEE 三相五线插头时，要注意先将 5 芯电缆线穿过护套，连接完成后将线缆留有足够余量并拧紧尾部螺纹锁紧护套。

（2）选择 CEE 插座、插头时，根据需要选择如三相五线制和三相四线制等类型。

2）空气开关

空气开关在主回路电路中的位置如图 3.6 所示。

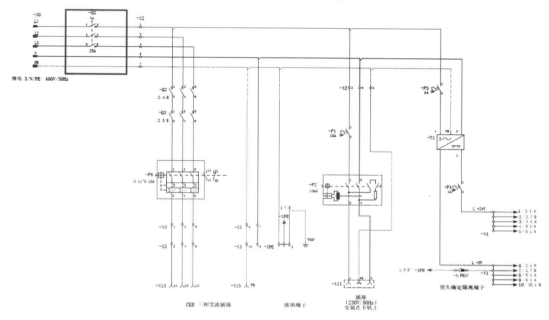

图 3.6　空气开关在主回路电路中的位置

图 3.7 为空气开关的电气符号，图中左侧字符 −Q1 为空气开关的标识，25A 为其电路的额定电流，数字 1~6 为开关的接线触点。图 3.8 所示为本项目中使用的空气开关。

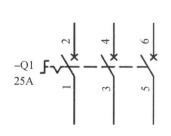

图 3.7　空气开关的电气符号

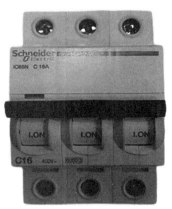

图 3.8　空气开关

注意事项：安装此类开关时需推开开关两侧的卡扣，将开关装上导轨后需要将卡扣扣紧。

3）端子排

端子排在主回路电路中的位置如图 3.9 所示。

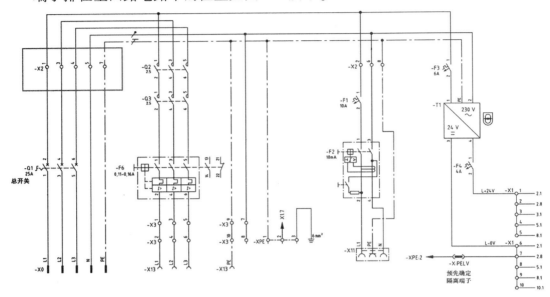

图 3.9　端子排在主回路电路中的位置

图 3.10 为端子排的电气符号，其中 –X2 为端子的标识，数字 1~7 用于标识端子排中的不同接线点。端子排常用于导线的转接和扩展，种类较多，图 3.11 所示为本项目使用的端子排。安装端子排时，首先需要确定使用端子排的数量、颜色以及线径接口。端子排灰色用于接普通线、蓝色用于接零线、黄绿色用于接地线。选择型号时注意是否需要双层端子排和短接排等配件。

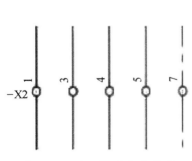

图 3.10　端子排的电气符号

图 3.11　端子排

4）接触器

接触器在主回路电路中的位置如图 3.12 所示。

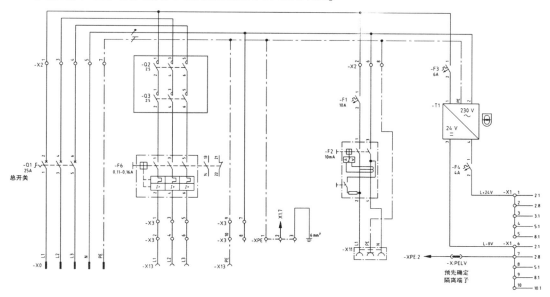

图 3.12 接触器在主回路电路中的位置

图 3.13 所示为电路图中接触器的电气符号，-Q2、-Q3 为接触器的标识，数字 1~6 为接口标识，该项目任务电路中使用了 2 个接触器。图 3.14 为接触器主触点示意图。接触器的功能与断路器类似，用于控制电动机回路的通断。

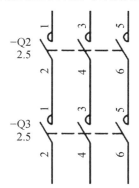

图 3.13 接触器的电气符号

图 3.14 接触器主触点

注意事项：在接触器主回路接线的时候一定要注意一个接口上最多连接 2 根导线。使用时要确定回路电压、电流以及保护等级曲线等。

5）CEE 三相四线插座

CEE 三相四线插座在主回路电路中的位置如图 3.15 所示。

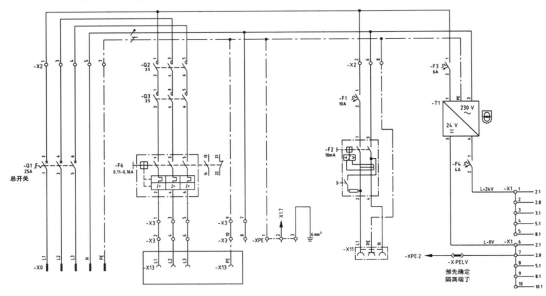

图 3.15　CEE 三相四线插座在主回路电路中的位置

图 3.16 所示为 CEE 三相四线插座的电气符号。其中-X13 为 CEE 三相四线插座的标识，L1、L2、L3 为三个相线，PE 为地线。CEE 三相四线插座常用于工业电力连接。图 3.17 为本项目中使用的 CEE 三相四线插座。

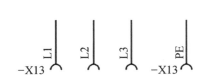

图 3.16　CEE 三相四线插座的电气符号

图 3.17　CEE 三相四线插座

注意事项：将 CEE 三相四线插座安装到电气控制柜时，需要先将导线穿过柜体上的开孔并连接到指定的端口上，将密封件安放到指定位置后，再进行螺钉的固定。在选择 CEE 航空插座、插头时，需要明确类型（如三相五线制和三相四线制等）以满足实际使用需求。

6）断路器

断路器在主回路电路中的位置如图 3.18 所示。

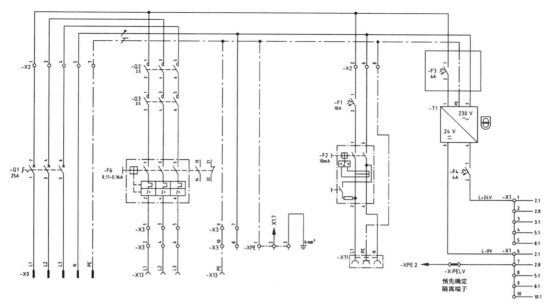

图 3.18　断路器在主回路电路中的位置

图 3.19 所示为小型单 P 断路器的电气符号，其中 −F1、−F3 为小型单 P 断路器的标识，10 A、6 A 分别为其额定电流值；1、2 为电路接口标识。图 3.20 为小型 2P 断路器的电气符号，其中 −F2 为其标识。断路器主要用于控制电路的通断。图 3.21、图 3.22 为本项目中使用的小型单 P、2P 断路器，安装时与空气开关类似。小型单 P 断路器一般和漏电保护器等元器件一起配合使用，使用时需要确认电压、电流和动作曲线等参数。

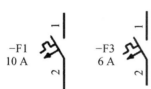

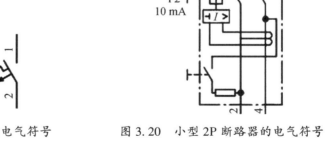

图 3.19　小型单 P 断路器的电气符号　　图 3.20　小型 2P 断路器的电气符号

图 3.21　小型单 P 断路器　　　　　图 3.22　小型 2P 断路器

7）电源模块

电源模块在主回路电路中的位置如图 3.23 所示。

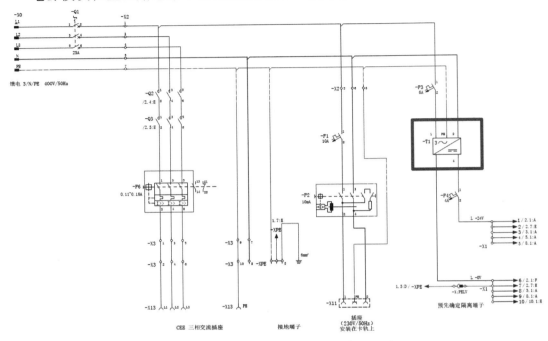

图 3.23　电源模块在主回路电路中的位置

图 3.24 为电源模块的电气符号，图中 -T1 为电源模块的标识，右侧的符号含义为封闭式隔离变压器；上端 230 V 表示输入电压，下端 24 V 表示输出电压。电源模块的作用是将交流电转换为直流电，本项目中使用的是图 3.25 所示的电源模块。

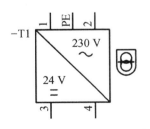

图 3.24　电源模块的电气符号

图 3.25　电源模块

注意事项：安装电源模块一定要注意超低压保护，避免出现短路或是漏电的现象。安装电源模块要做好接地保护，选择合适的电源型号。

8）电动机保护器

电动机保护器在主回路电路中的位置如图 3.26 所示。

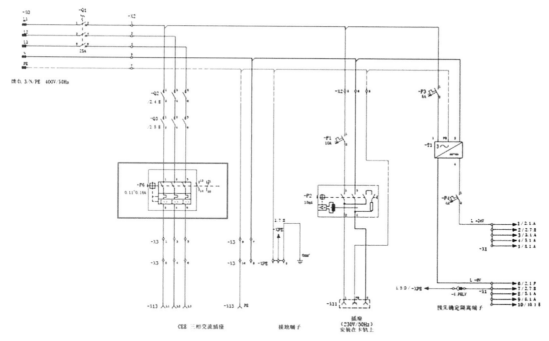

图 3.26　电动机保护器在主回路电路中的位置

　　图 3.27 所示为电动机保护器的电气符号，其中 -F6 为电动机保护器的标识，数字 1~6 为接口标识。电动机保护器在电路中的作用是当电动机出现缺相、过载、堵转、短路、欠压等情况时对电动机进行保护。图 3.28 为本项目中使用的电动机保护器。使用电动机保护器时需要确定电路电压、电流以及保护等级曲线等。

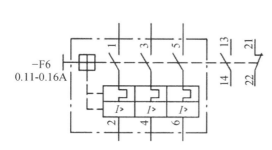

图 3.27　电动机保护器的电气符号

图 3.28　电动机保护器

9）插座

插座在主回路电路中的位置如图 3.29 所示。

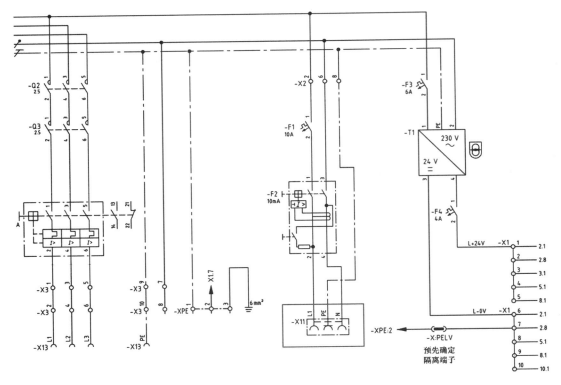

图 3.29 插座在主回路电路中的位置

图 3.30 为插座的电气符号，其中−X11 为插座的标识，L1 代表相线，PE 代表地线，N 代表零线。图 3.31 所示为本项目中使用到的插座，此插座需要安装在导轨上。

图 3.30 插座的电气符号   图 3.31 插座

3.1.1.5 素质养成

根据主回路识图的任务描述，结合任务需要，提升学生的安全意识和规则意识；在学习元器件的安装过程中，培养学生多角度分析、统筹全局的工作意识；通过制订工作计划和材料清单，小组成员轮流发言可以培学生善于沟通、团队协作的职业素养；按照工艺要求正确安装主回路，培养学生严谨细致、精益求精的工匠精神。

3.1.1.6　任务分组（见表 3.1）

表 3.1　任务分组表

班级			组号		指导教师	
组长			学号			
组员	姓名		学号	姓名		学号
任务分工						

3.1.1.7　自主探学

任务工作单 1

组号：_____　　姓名：_____　　学号：_____　　检索号：3117-1

引导问题：

（1）请写出电路图中各电气符号代表的含义。

_____

_____

（2）写出各元器件在电气控制柜主回路中的安装位置。

_____

_____

任务工作单 2

组号：_____　　姓名：_____　　学号：_____　　检索号：3117-2

引导问题：

（1）写出各元器件在电气控制柜主回路中的作用。

_____

_____

（2）如何确定电气控制柜主回路中各元器件的安装位置？

_____

_____

3.1.1.8 合作研学

任务工作单

组号：_____   姓名：_____   学号：_____   检索号：3118-1

引导问题：

（1）小组交流讨论，教师参与，写出电气控制柜主回路的工作原理。

_____

_____

_____

（2）记录自己存在的不足。

_____

_____

3.1.1.9 展示赏学

任务工作单

组号：_____   姓名：_____   学号：_____   检索号：3119-1

引导问题：

（1）每小组推荐一位小组长，讲述电气控制柜主回路中各元器件的名称及其在电路中的作用。

_____

_____

_____

（2）检讨本组每个人在学习过程中的问题，反思不足。

_____

_____

_____

3.1.1.10 电路图的识读

任务工作单

组号：_____   姓名：_____   学号：_____   检索号：31110-1

引导问题：

（1）讲述电路图的识读方法，并结合各元器件在电路中的安装位置，阐述电路的工作原理。

_____

_____

（2）对比分析标准的各元器件的作用，并填写表3.2。

表3.2 各元器件的作用表

元器件符号	元器件名称	元器件作用	原因分析

3.1.1.11 评价反馈（见表3.3～表3.6）

表3.3 个人自评表

组号：_____ 姓名：_____ 学号：_____ 检索号：31111-1

班级		组名		日期	年 月 日
评价指标	评价内容			分数	分数评定
信息检索能力	能有效利用网络、图书资源查找有用的相关信息；能将查到的信息有效地应用到学习中			10分	
感知课堂生活	熟悉检测工作岗位，认同工作价值；在学习中能获得满足感，课堂活跃			10分	
参与态度、交流沟通	积极主动与教师、同学交流，相互尊重、理解、平等相待；与教师、同学之间能够保持多向、丰富、适宜的信息交流			10分	
	能处理好合作学习和独立思考的关系，做到有效学习；能提出有意义的问题或能发表个人见解			10分	
知识、能力获得情况	熟悉电气控制柜主回路电路图中各元器件的符号及明白其含义			10分	
	掌握电气控制柜主回路电路中各元器件的作用			10分	
	能确定各元器件的安装位置			10分	
	能说出电路的工作原理			10分	
思维态度	能发现问题、提出问题、分析问题、解决问题，具有创新思维			10分	

班级				日期	年 月 日
评价指标	评价内容			分数	分数评定
自评反思	按时按质完成任务；较好地掌握知识点；具有较强的信息分析能力和理解能力；具有较为全面严谨的思维能力，并能条理清楚地表达			10分	
自评分数					
有益的经验和做法					
总结反馈建议					

表3.4 小组内互评验收表

组号：_____ 姓名：_____ 学号：_____ 检索号：31111-2

班级				日期	年 月 日
验收组长		成员		分数	分数评定
验收任务	熟悉电气控制柜主回路电路图中各元器件的符号及明白其含义； 掌握电气控制柜主回路电路中各元器件的作用； 能确定各元器件的安装位置； 能说出电路的工作原理； 文献检索目录				
验收档案 （被验收者）	3117-1； 3117-2； 31110-1； 文献检索清单				
验收评价 标准	熟悉电气控制柜主回路电路图中各元器件的符号及明白其含义，错一个扣2分			20分	
	掌握电气控制柜主回路电路中各元器件的作用，错一个扣5分			30分	
	知道各元器件的正确安装位置，错一个扣5分			20分	
	能准确阐述电路的工作原理，错一处扣10分			20分	
	文献检索清单不少于5个，少一个扣2分			10分	
评价分数					
该同学的不足之处					
有针对性的改进建议					

表 3.5　小组间互评表

被评组号：＿＿＿＿＿＿＿＿＿＿＿＿＿　　　检索号：31111-3

班级		评价小组		日期	年　月　日
评价指标	评价内容			分数	分数评定
汇报表述	表述准确			15 分	
	语言流畅			10 分	
	准确反映小组完成情况			15 分	
内容正确度	内容正确			30 分	
	句型表达到位			30 分	
互评分数					
简要评述					

表 3.6　教师评价表

组号：＿＿＿＿＿　姓名：＿＿＿＿＿　学号：＿＿＿＿＿　检索号：31111-4

班级		组名		姓名	
出勤情况					
评价内容	评价要点	考察要点	分数	老师评定	
				结论	分数
查阅文献情况	任务实施过程中文献查阅	（1）查阅信息资料	10 分		
		（2）正确运用信息资料			
互动交流情况	组内交流，教学互动	（1）积极参与交流	20 分		
		（2）主动接受教师指导			
任务完成情况	熟悉电气控制柜主回路电路图中各元器件的符号及明白其含义	（1）根据表达的清晰程度酌情赋分	5 分		
		（2）内容正确，错一处扣 2 分	5 分		
	掌握电气控制柜主回路电路中各元器件的作用	（1）根据表达的清晰程度酌情赋分	5 分		
		（2）内容正确，错一处扣 2 分	5 分		
	能确定各元器件的安装位置	（1）根据表达的清晰程度酌情赋分	5 分		
		（2）内容正确，错一处扣 2 分	5 分		
	能说出电路的工作原理	（1）根据表达的清晰程度酌情赋分	10 分		
		（2）内容正确，错一处扣 2 分	10 分		
	文献检索目录	（1）数量达标，少一个扣 2 分	5 分		
		（2）根据文献匹配度酌情赋分	5 分		

班级			组名		姓名	
出勤情况						

评价内容	评价要点	考察要点	分数	老师评定	
				结论	分数
素质目标达成度	团队协作	根据情况酌情赋分	10分		
	自主探究	根据情况酌情赋分			
	学习态度	根据情况酌情赋分			
	课堂纪律	根据情况酌情扣分			
	出勤情况	缺勤1次扣2分			
	安全意识和规则意识	根据情况酌情赋分			
	多角度分析、统筹全局	根据情况酌情赋分			
	善于沟通、团队协作	根据情况酌情赋分			
	严谨细致、精益求精	根据情况酌情赋分			
合　计					

任务 3.1.2　电气控制柜主回路的安装

3.1.2.1　任务描述

根据下面给定的电气控制柜主回路电路图（图 3.32），完成工作计划和材料清单的制订，并完成电气控制柜主回路的安装，其效果图如图 3.33 所示。

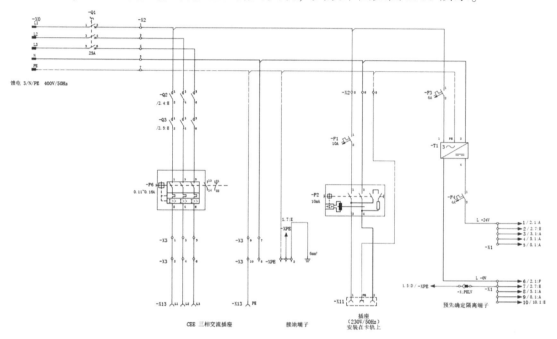

图 3.32　电气控制柜主回路电路图

图 3.33　电气控制柜主回路安装效果图

3.1.2.2 学习目标

1. 知识目标

（1）掌握工作计划和材料清单的制订方法。

（2）掌握电气控制柜主回路中各元器件的检测方法。

（3）了解电气控制柜主回路安装的工艺要求。

2. 能力目标

（1）能根据要安装的电气控制柜主回路电路图制订工作计划和材料清单。

（2）能根据电气控制柜主回路电路图进行正确的电路连接。

（3）能根据任务要求选取合适的低压元器件，并进行检测。

（4）能根据工作计划，按照制订的工作流程和安装工艺完成电气控制柜主回路的安装。

3. 素质目标

（1）培养学生的安全意识、规则意识和合作精神。

（2）遵守操作规范，做好 6S 管理。

（3）培养学生善于沟通、团队协作的职业素养。

（4）培养学生严谨细致、精益求精的工匠精神。

3.1.2.3 任务分析

1. 重点

（1）能够制订工作计划和材料清单。

（2）能够完成电气控制柜主回路的安装。

2. 难点

能够正确选择元器件并进行检测。

3.1.2.4 相关知识链接

1. 制订工作计划和材料清单的方法

完成任务分析后，需要制订工作计划和材料清单，工作计划的编写格式为："工作的内容+工作的地点+工作所需时间 +使用设备或工具"。材料清单编写格式为："工具或元器件+型号+所需数量+功用+采购成本（单价/元）"。

电气控制柜主回路的安装工作计划表（示例）如表3.7所示。

表 3.7 电气控制柜主回路的安装工作计划表 (示例)

序号	工作内容	工作地点	工作时间/min	使用的工具或设备
1	安装导轨与端子排	电气工作台	25	一字形螺钉旋具
2	负载隔离开关与 CEE 插座的接线并固定在电控柜指定地方	电气工作台	25	一字形螺钉旋具、十字形螺钉旋具和六角扳手
3	加工用于 CEE 插头连接的线缆	电气工作台	25	一字形螺钉旋具、十字形螺钉旋具、剥线钳、压线钳
4	安装需要导轨安装的元器件	电气工作台	25	一字形螺钉旋具
5	供电主回路的接线	电气工作台	25	一字形螺钉旋具、斜口钳、压线钳
6	接触器、断路器的接线	电气工作台	35	一字形螺钉旋具、斜口钳、压线钳
7	电源模块线路的连接	电气工作台	25	一字形螺钉旋具、斜口钳、压线钳
8	按照图纸要求打印标签纸并粘贴到对应的元器件上	电气工作台	15	打标机
9	目测检查是否存在漏接或连接不牢固的地方	电气工作台	15	无

电气控制柜主回路元器件和工具选型 (示例) 如表 3.8 所示。

表 3.8 电气控制柜主回路元器件和工具选型 (示例)

序号	工具或元器件名称	型号	数量/个	作用描述	单价/元
1	CEE 插头	MENNEKES 4 芯 16A IP44	1	给电动机做电源连接线	40.00
		MENNEKES 5 芯 16A IP44	1	用于连接用电设备与外部电源	43.50
	CEE 插座	MENNEKES 4 芯 16A IP44	1	给外部设备提供电源接口	55.50
		MENNEKES 5 芯 16A IP44	1	给外部设备提供电源接口	55.50
2	负载隔离开关	施耐德 VCF01C	1	电源进线控制	105.56
3	接触器	施耐德 LC1D09	2	三相供电	154.10
4	电动机保护器	西门子 3RV2011-0GA10	1	保护电动机	282.00

2. 工艺要求

1）导线线材的选择

（1）线材型号：H05V-K 0.5mm^2；H05V-K 1.5mm^2；H05V-K 2.5mm^2；H05V-K 6.0mm^2。

（2）导体：多股铜导体，符合 GB/T 3956—2008 第 5 类（等同于 IEC 60228.5）。

（3）线材颜色（建议）：深蓝色——控制电路 24 V；浅蓝色——零线；红色——电压为 220 V 电路；黄绿相间色——保护接地线；紫色——急停开关装置（安全回路）；黑色——主回路；橙色——负载隔离开关进线；也可以使用企业规定常用线。

2）导线剥线要求（表 3.9）

表 3.9 导线剥线要求

序号	工艺要求	图示
1	剥线过程中禁止将铜芯切断	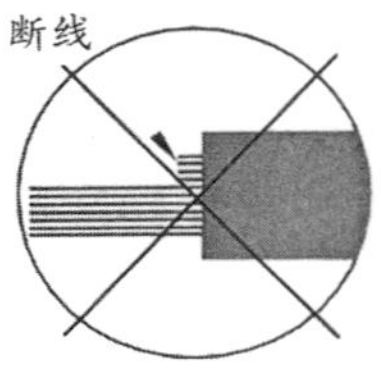
2	每根导线要拉直，行线做到平直整齐，式样美观	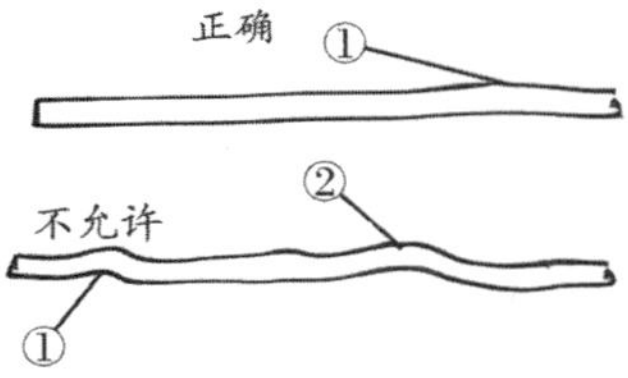
3	剥线过程中不允许有中间接头、强力拉伸导线及绝缘层破损的情况。剥去导线绝缘层后，应尽快用冷压端子压接，避免线芯氧化或沾上油污	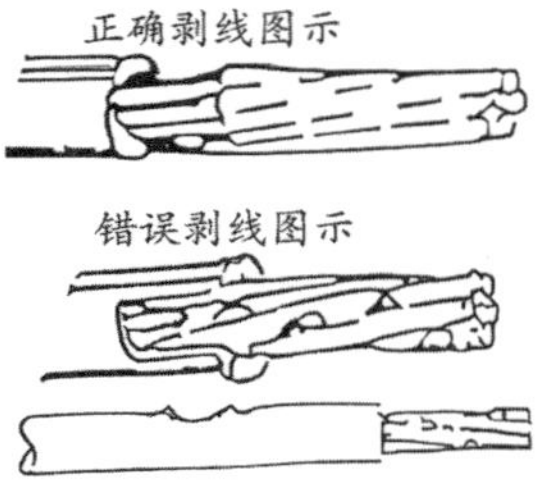
4	导线芯插端头后，不能有未插的线芯露出端管外部；不能出现导线交叉或缠绕的现象，不能剪断线芯	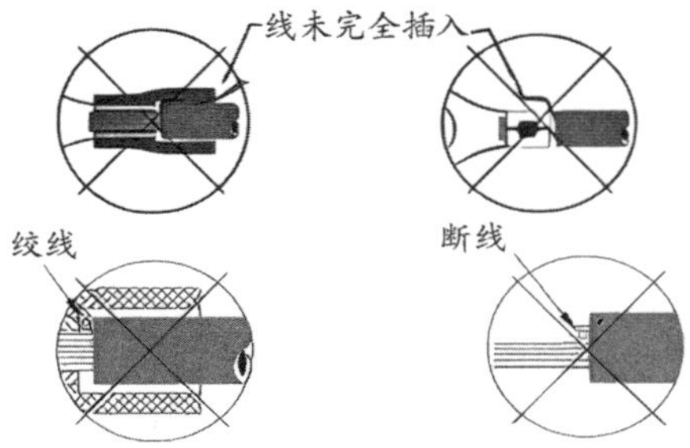

序号	工艺要求	图示
5	冷压端子的端头的规格必须与所接的导线直径相吻合，禁止使用大一级或以上规格的端子压接导线	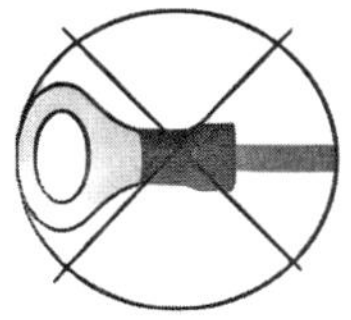
6	通常不允许 2 根导线接入 1 个冷压端子的端头，因接线端限制必须采用时，宜先采用 2 根导线压接的专用端头或选大一级或大两级的端头。绝缘端头与导线压接时，避免出现裸线芯露出绝缘管外的情况	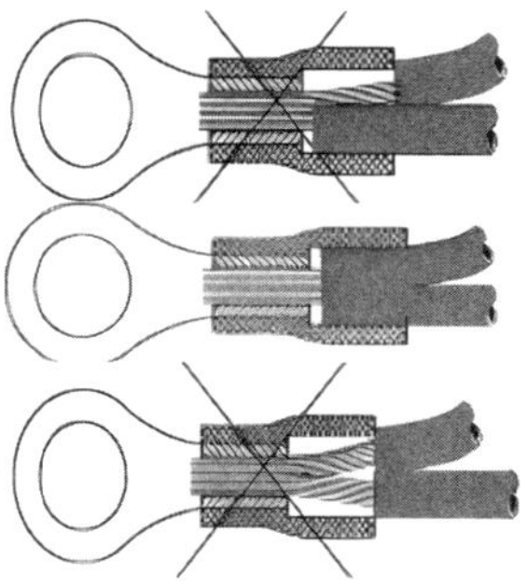

3）冷压端子的选择及压接工艺（表 3.10）

表 3.10　冷压端子的选择及压接工艺

名称	型号	说明	工艺要求
双线插式管形绝缘冷压端子	TE1508；TE2508；TE6014；TE1014；TE4012	压接和剥线要求如右图；管形绝缘端头压痕应在端头的管部均匀压接	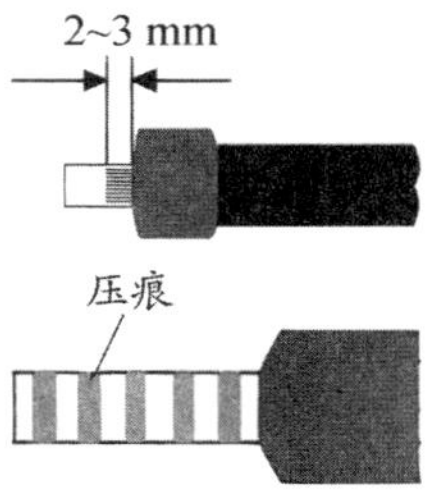
单线插式管形绝缘冷压端子	E7508；E1508；E2508；E4009；E6012		
叉形裸露端子头	UT1-3；UT1-4；UT4-5；SNB2-4S	压接时裸端头压痕在端头管部的焊接缝上，保证压接牢固。使用时，需增加号码管，保证号码管遮住裸露的导线	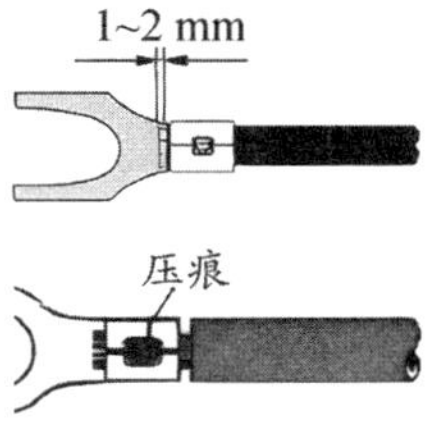
圆形裸露端子头	OT1.5-6；OT5.5-6；OT8-6S	压接时裸端头压痕在端头管部焊接缝上，保证压接牢固。使用时，需增加号码管，保证号码管遮住裸露的导线	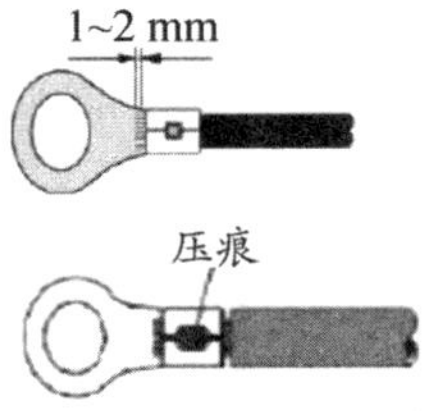

4) 布线要求（表 3.11）

表 3.11　布线要求

序号	工艺要求	图示
1	元器件的放置需要按照图纸要求进行	—
2	导线的排列应尽量减少弯曲和弧形，不允许弯成直角；导线的余量应平均分布在整个布线过程中，不能留在一端卷成一团	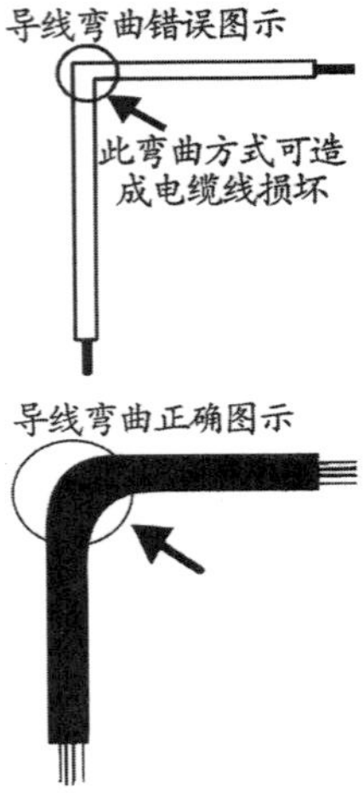 导线弯曲错误图示 此弯曲方式可造成电缆线损坏 导线弯曲正确图示
3	导线应理顺，导线清晰分明；捆扎于内的导线不得交叉、损伤、扭结和有中间接点；剪扎带时要留适当长度，方向一致，隐藏或朝内；弯曲处导线要呈圆弧弯曲，分线处用扎带固定，线束不宜过粗，多导线时分路走线，方便维修和散热	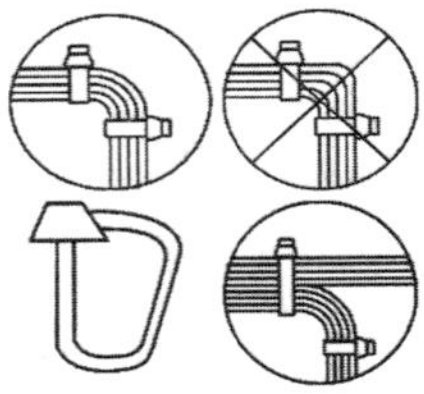
4	主线束不能在元器件面上通过，分线束也尽量在元器件周围接线。线束尽量靠近元器件（除发热元器件）。导线采用圆弧接线方式，线呈弧度弯曲，不呈角度弯曲。捆扎线束的弧度不要过大，柜内各种元器件的接线弧度力求一致	—
5	元器件高度不一致时，以多数元器件为基准面，分层次走线	—
6	导线在穿过金属孔时，必须在金属孔上套上大小相应的橡皮圈	—
7	当一个接线柱上同时接一次线和二次线时，应将二次线放在一次线铜端头的上面，保证主回路接触紧密可靠。压接铜端头的一次线要套上与导线线径相符合的热缩套管，考虑铜端头的距离和本身尺寸	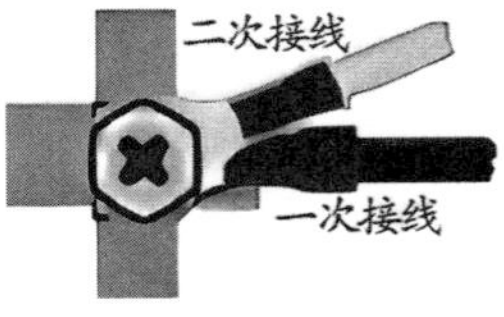 二次接线 一次接线

3. 计划决策的步骤

第一步：分组进行讨论。

第二步：总结出大家普遍认可的方案。

第三步：小组派代表汇报本组方案。

第四步：求同存异，做好记录。

第五步：经讨论后，由教师给出工作计划及实施方案的建议。

第六步：改进工作计划、完善材料清单表。

4. 任务实施

（1）按照制订的材料清单表领取相应的元器件、工具。

（2）根据最终决策的方案实施任务。

（3）根据工艺要求，进行电气控制柜主回路的安装。

3.1.2.5　素质养成

根据电气控制柜主回路安装的任务描述，结合任务需要，提升学生的安全意识和规则意识；在安装过程中，培养学生多角度分析，统筹全局的工作意识；通过制订工作计划和材料清单，小组成员轮流发言可以培养学生善于沟通、团队协作的职业素养；按照工艺要求正确安装电气控制柜主回路，培养学生严谨细致、精益求精的工匠精神。

3.1.2.6　任务分组（见表3.12）

表3.12　任务分组表

班级		组号		指导教师	
组长		学号			
	姓名	学号		姓名	学号
组员					
任务分工					

3.1.2.7 自主探学

任务工作单 1

组号：_____ 姓名：_____ 学号：_____ 检索号：3127−1

引导问题：

（1）请写出工作计划和材料清单的制订方法。

_____

_____

_____

（2）请说出电气控制柜主回路安装时的工艺要求。

_____

_____

_____

任务工作单 2

组号：_____ 姓名：_____ 学号：_____ 检索号：3127−2

引导问题：

（1）如何根据电路图制订工作计划和材料清单？

_____

_____

（2）如何选择并检测需要用到的元器件？

_____

_____

（3）如何按照制订的工作流程和安装工艺完成电气控制柜主回路的安装？

_____

_____

_____

3.1.2.8 合作研学

任务工作单

组号：_____ 姓名：_____ 学号：_____ 检索号：3128−1

引导问题：

（1）小组交流讨论，教师参与，制订电气控制柜主回路的安装工作计划表（表3.13）。

表 3.13　电气控制柜主回路的安装工作计划表

序号	工作内容	工作地点	工作时间/min	使用的工具和设备
1	安装导轨与端子排	电气工作台	25	一字形螺旋工具
2				
3				
4				
5				
6				
7				
8				
9				
10				

（2）小组交流讨论，教师参与，制订电气控制柜主回路的元器件和工具选型表（表 3.14）。

表 3.14　电气控制柜主回路的元器件和工具选型表

序号	工具或元器件名称	型号	数量/个	作用描述	单价/元
1	CEE 插头	MENNEKES 4 芯 16AIP44	1	给电动机做电源连接线	40.00

（3）记录自己存在的不足。

_____

_____

3.1.2.9　展示赏学

任务工作单

组号：_____　姓名：_____　学号：_____　检索号：3129-1

引导问题：

（1）每小组推荐一位小组长，讲述工作计划表和元器件和工具选型表是如何制订的？为什么这样制订？

_____

_____

（2）检讨本组每个人在学习过程中的问题，反思不足。

_____

_____

_____

3.1.2.10　电气控制柜主回路的安装

任务工作单

组号：_____　姓名：_____　学号：_____　检索号：31210-1

引导问题：

（1）讲述电气控制柜主回路的安装方法，并结合各元器件在电路中的安装位置，阐述电路的工作原理。

（2）对比分析标准的各元器件的作用，并填写表3.15。

表3.15　各元器件的作用表

元器件符号	元器件名称	元器件作用	原因分析

3.1.2.11　评价反馈（见表 3.16~ 表 3.19）

表 3.16　个人自评表

组号：_____　　姓名：_____　　学号：_____　　检索号：31211-1

班级		组名		日期	年　月　日
评价指标	评价内容			分数	分数评定
信息检索能力	能有效利用网络、图书资源查找有用的相关信息；能将查到的信息有效地应用到学习中			10 分	
感知课堂生活	熟悉检测工作岗位，认同工作价值；在学习中能获得满足感，课堂活跃			10 分	
参与态度、交流沟通	积极主动与教师、同学交流，相互尊重、理解，平等相待；与教师、同学之间能够保持多向、丰富、适宜的信息交流			10 分	
	能处理好合作学习和独立思考的关系，做到有效学习；能提出有意义的问题或能发表个人见解			10 分	
知识、能力获得情况	掌握工作计划和材料清单的制订方法			10 分	
	熟悉电气控制柜主回路安装的工艺要求			10 分	
	能正确安装元器件			10 分	
	能正确连接电路			10 分	
思维态度	能发现问题、提出问题、分析问题、解决问题，具有创新思维			10 分	
自评反思	按时按质完成任务；较好地掌握知识点；具有较强的信息分析能力和理解能力；具有较为全面严谨的思维能力，并能条理清楚地表达			10 分	
自评分数					
有益的经验和做法					
总结反馈建议					

表 3.17　小组内互评验收表

组号：_____　　姓名：_____　　学号：_____　　检索号：31211-2

班级		组名		日期	年　月　日
验收组长		成员		分数	分数评定
验收任务	掌握工作计划和材料清单的制订方法； 熟悉电气控制柜主回路安装的工艺要求； 能正确安装元器件； 能正确连接电路； 文献检索目录				

续表

班级		组名		日期	年　月　日
验收组长		成员		分数	分数评定
验收档案 （被验收者）	3127-1； 3127-2； 3128-1； 31210-1； 文献检索清单				
验收评价 标准	掌握工作计划和材料清单的制订方法，错一处扣2分			20分	
	熟悉电气控制柜主回路安装的工艺要求，错一个扣5分			30分	
	知道各元器件的正确安装位置，错一个扣5分			20分	
	能将电气控制柜主回路安装正确，准确阐述电路的工作原理，错一处扣10分			20分	
	文献检索清单不少于5个，少一个扣2分			10分	
评价分数					
该同学的不足之处					
有针对性的改进建议					

表3.18　小组间互评表

被评组号：_____　　　检索号：31211-3

班级		评价小组		日期	年　月　日
评价指标		评价内容		分数	分数评定
汇报表述	表述准确			15分	
	语言流畅			10分	
	准确反映小组完成情况			15分	
内容正确度	内容正确			30分	
	句型表达到位			30分	
互评分数					
简要评述					

表 3.19 教师评价表

组号：_____ 姓名：_____ 学号：_____ 检索号：31211-4

班级		组名		姓名	
出勤情况					
评价内容	评价要点	考察要点		分数	老师评定
					结论 / 分数
查阅文献情况	任务实施过程中文献查阅	（1）是否查阅信息资料		10分	
		（2）正确运用信息资料			
互动交流情况	组内交流，教学互动	（1）积极参与交流		20分	
		（2）主动接受教师指导			
任务完成情况	掌握工作计划和材料清单的制订方法	（1）根据表达的清晰程度酌情赋分		5分	
		（2）内容正确，错一处扣2分		5分	
	熟悉电气控制柜主回路安装的工艺要求	（1）根据表达的清晰程度酌情赋分		5分	
		（2）内容正确，错一处扣2分		5分	
	能确定各元器件的安装位置	（1）根据表达的清晰程度酌情赋分		5分	
		（2）内容正确，错一处扣2分		5分	
	电气控制柜主回路安装正确	（1）根据操作情况酌情赋分		10分	
		（2）内容正确，错一处扣2分		10分	
	文献检索目录	（1）数量达标，少一个扣2分		5分	
		（2）根据文献匹配度酌情赋分		5分	
素质目标达成度	团队协作	根据情况酌情赋分		10分	
	自主探究	根据情况酌情赋分			
	学习态度	根据情况酌情赋分			
	课堂纪律	根据情况酌情扣分			
	出勤情况	缺勤1次扣2分			
	安全意识和规则意识	根据情况酌情赋分			
	多角度分析、统筹全局	根据情况酌情赋分			
	善于沟通、团队协作	根据情况酌情赋分			
	严谨细致、精益求精	根据情况酌情赋分			
合　计					

项目 3.2 自动化滑仓系统电气控制柜控制回路的识读与安装

任务 3.2.1 电气控制柜控制回路的识读

3.2.1.1 任务描述

根据下面给定的电气控制柜控制回路电路图（图 3.34），完成电气控制柜控制回路的识读，写出控制回路中的元器件名称及其功能；写出该电路的工作原理。

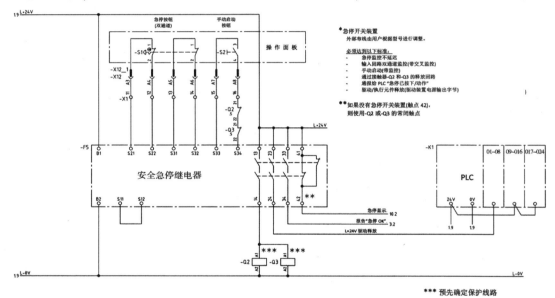

图 3.34 电气控制柜控制回路电路图

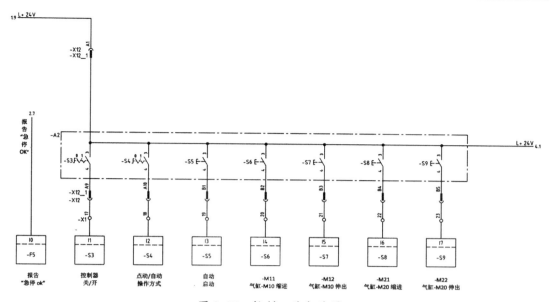

图 3.35　控制回路电路图 1

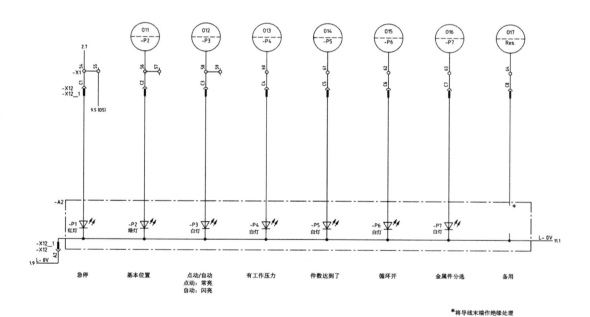

图 3.36　控制回路电路图 2

3.2.1.2　学习目标

1. 知识目标

（1）了解电路图中的电气符号含义。

（2）了解元器件在控制回路中的作用。

2. 能力目标

（1）能正确说出电路图中元器件的电气符号含义。

（2）能根据电路图正确描述电路的工作原理。

3. 素质目标

（1）培养学生的安全意识、规则意识和合作精神。

（2）培养学生多角度分析、统筹全局的工作意识。

（3）培养学生善于沟通、团队协作的职业素养。

（4）培养学生严谨细致、精益求精的工匠精神。

3.2.1.3　任务分析

1. 重点

（1）能够完成电气控制柜控制回路电路图的识读。

（2）能够画出电气控制柜控制回路各元器件的安装位置。

2. 难点

能够准确说出各元器件的功能和工作原理。

3.2.1.4　相关知识链接

1. 电气符号识读

1）急停按钮（双通道）

急停按钮（双通道）在控制回路中的位置如图 3.37 所示。

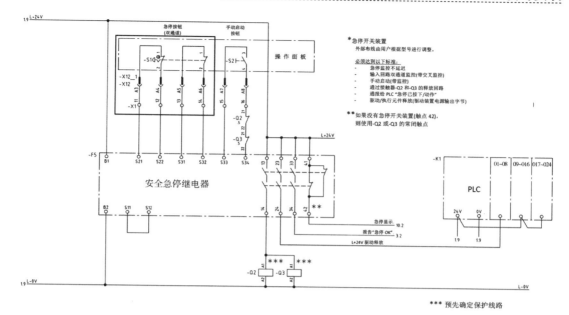

图 3.37　急停按纽（双通道）在控制回路中的位置

图 3.38 为急停按钮（双通道），图 3.39 为急停按钮（双通道）的电气符号，−S1 为急停按钮（双通道）的标识，−X12_1 与−X12 为重载连接器，A3～A6 为重载连接器的点位标号。

图 3.38　急停按钮（双通道）

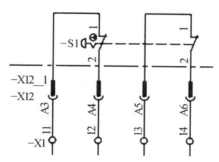

图 3.39　急停按钮（双通道）的电气符号

注意事项：安装急停按钮（双通道）一定要选择两个常闭控制块才能实现图 3.37 所示的要求。

2）复位按钮

复位按钮在控制回路中的位置如图 3.40 所示。

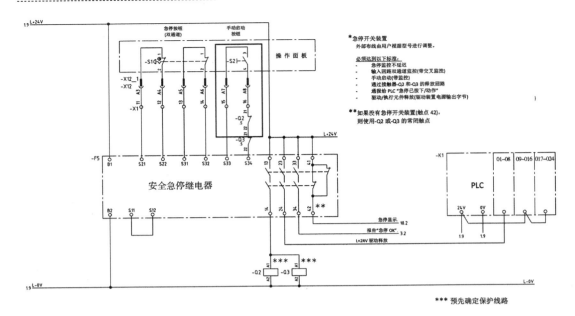

图 3.40　复位按钮在控制回路中的位置

图 3.41 为复位按钮，图 3.42 为复位按钮的电气符号，其中 –S2 为复位按钮的标识，A7 ~ A8 为重载连接器的点位标号，15、16 为配电柜内部的端子排。

图 3.41　复位按钮

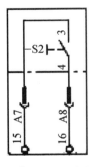

图 3.42　复位按钮的电气符号

注意事项：安装复位按钮前一定要了解清楚设备要求，选择合适的复位按钮。

3）安全急停继电器

安全急停继电器在控制回路中的位置如图 3.43 所示。

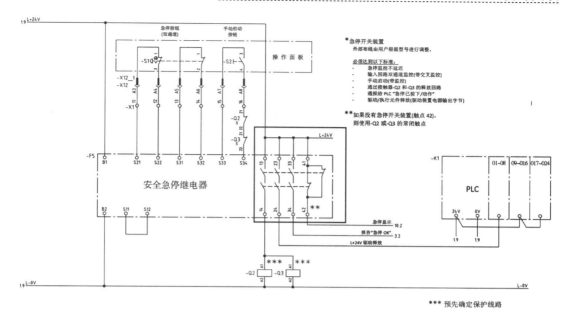

图 3.43 安全急停继电器在控制回路中的位置

图 3.44 为安全急停继电器,图 3.45 为安全急停继电器的电气符号,图中 13、14、23、24 等数字为安全急停继电器的接线端点。

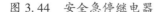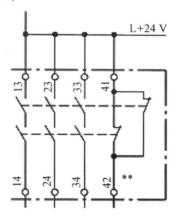

图 3.44 安全急停继电器 图 3.45 安全急停继电器的电气符号

注意事项:安装安全急停继电器要了解清楚产品型号和控制要求,该款急停继电器可采用交流供电,也可以直流供电,所以安装时需要注意连接点位。

4)PLC 的 I/O 模块

PLC 的 I/O 模块在控制回路中的位置如图 3.46 所示。

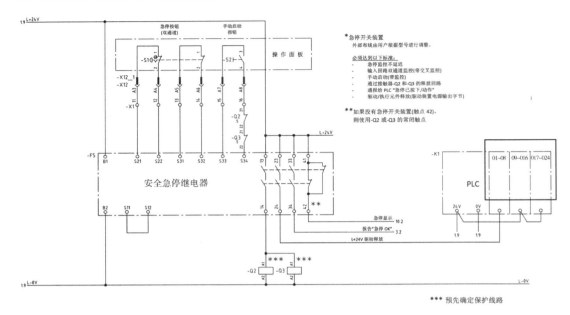

图 3.46　PLC 的 I/O 模块在控制回路中的位置

　　图 3.47 为本项目中使用的 PLC，图 3.48 为 PLC 的 I/O 模块的电气符号，其中 O1~O8 表示 PLC 数字输出 Q0.0~Q0.7；O9~O16 表示 PLC 数字输出 Q1.0~Q1.7；O17~O24 表示 PLC 数字输出 Q2.0~Q2.7。

图 3.47　PLC

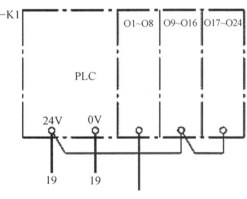

图 3.48　PLC 的 I/O 模块的电气符号

　　注意事项：图中该部分不是连接数字量输出点，而是提示 PLC 中 O1~O8 由安全急停继电器外部供电。

　　5）选择开关

　　选择开关在控制回路中的位置如图 3.49 所示。

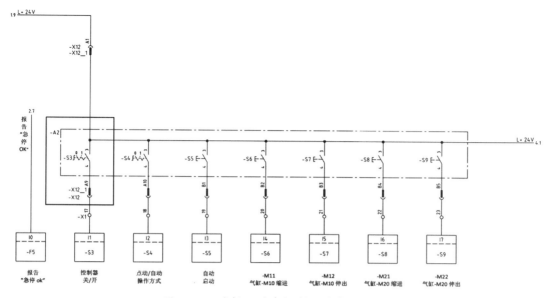

图 3.49　选择开关在控制回路中的位置

图 3.50 为选择开关，图 3.51 为选择开关的电气符号，其中−S3 为选择开关的标识，−A2 为操作面板，3 和 4 标识选择开关的接线端点。

图 3.50　选择开关

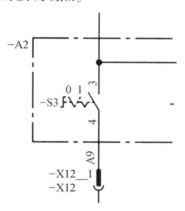

图 3.51　选择开关的电气符号

注意事项：安装选择开关的时候，要注意 0 和 1 的方向，否则可能会造成同类型的选择开关旋转方向不一致。

6）带弹簧复位的按钮开关

带弹簧复位的按钮开关在控制回路中的位置如图 3.52 所示。

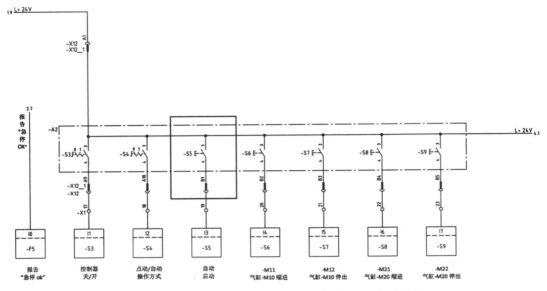

图 3.52　带弹簧复位的按钮开关在控制回路中的位置

　　图 3.53 为带弹簧复位的按钮开关，3.54 为带弹簧复位的按钮开关的电气符号，其中－S5 表示带弹簧复位的按钮开关标识。

图 3.53　带弹簧复位的按钮开关

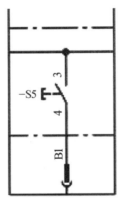

图 3.54　带弹簧复位的按钮开关的电气符号

7）PLC 数字量输入点

PLC 数字量输入点在控制回路中的位置如图 3.55 所示。

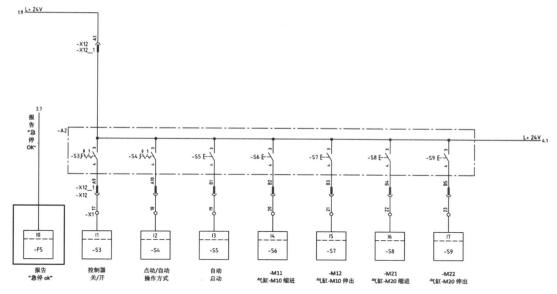

图 3.55　PLC 数字量输入点在控制回路中的位置

图 3.56 为 PLC 输入输出端口，图 3.57 为 PLC 数字量输入点的电气符号，其中 I0 表示 PLC 数字量输入 I0.0，-F5 为报告 "急停 OK"。

图 3.56　PLC 输入输出端口

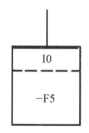

图 3.57　PLC 数字量输入点的电气符号

注意事项：I0 不一定是 PLC 数字量输入 I0.0，不同的 PLC 的 I/O 地址设置也可能不相同，需要根据实际情况来判断。

8）信号扩展器

信号扩展器在控制回路中的位置如图 3.58 所示。

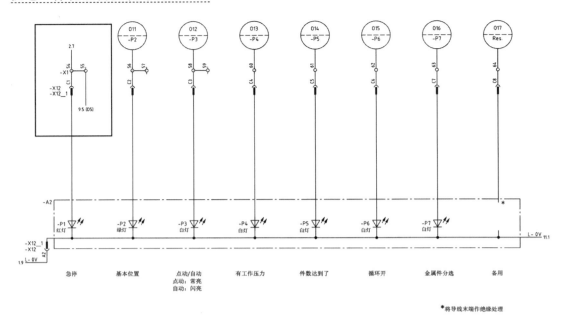

图 3.58　信号扩展器在控制回路中的位置

图 3.59 为信号扩展短接器，图 3.60 为信号扩展器的电气符号，其中 2.7 表示图纸第 2 页的第 7 数列，-X1 表示端子排，54、55 为点位扩展口，9.5（D5）表示图纸第 9 页的第 5 数列，分配器中的 D5 通道。

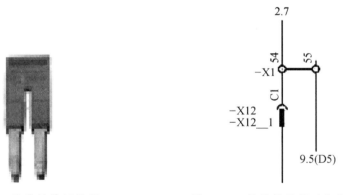

图 3.59　信号扩展短接器　　　图 3.60　信号扩展器的电气符号

注意事项：图纸中的信号扩展器对应的实物可能只是两个短接的端子排。

9）PLC 数字量输出点

PLC 数字量输出点在控制回路中的位置如图 3.61 所示。

094

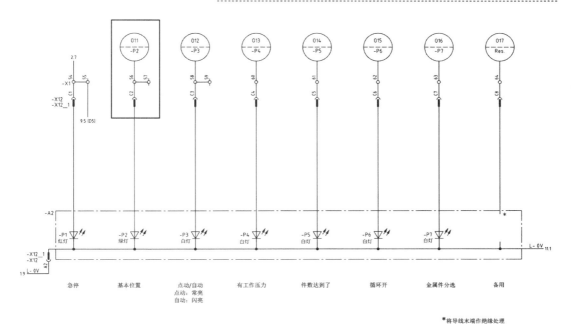

图 3.61 PLC 数字量输出点在控制回路中的位置

图 3.62 为 PLC 输入输出端口，图 3.63 为 PLC 数字量输出点的电气符号，其中 O11 表示 PLC 数字量输出 Q1.2，−P2 为基本位置指示灯，56、57 为点位扩展，C2 为重载连接器点位。

图 3.61 PLC 输入输出端口

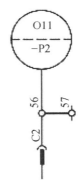

图 3.63 PLC 数字量输出点的电气符号

注意事项：编写程序或是检测点位，都可以通过此部分电路图来判断。

10）电源

电源在控制回路中的位置如图 3.64 所示。

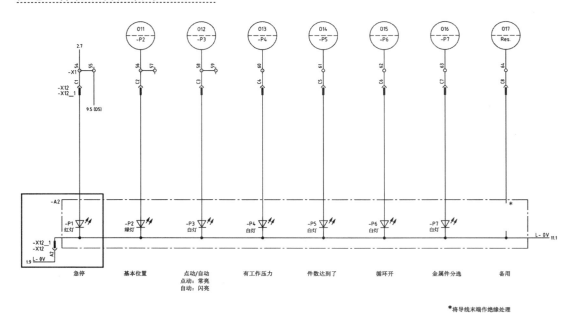

图 3.64　电源在控制回路中的位置

图 3.65 为电源的电气符号，其中–A2 为操作面板，–X12 为重载连接器，L–0 V 为操作面板的 0 V 供电回路。

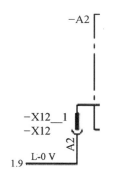

图 3.65　电源的电气符号

注意事项：操作面板的 24 V 由 PLC 的输出端提供，从而构成一个完整回路。

3.2.1.5　素质养成

根据电气控制柜控制回路的识读的任务描述，结合任务需要，提升学生的安全意识和规则意识；在元器件检测过程中，培养学生多角度分析、统筹全局的工作意识；通过制订工作计划和材料清单，小组成员轮流发言可以培养学生善于沟通、团队协作的职业素养；按照工艺要求正确安装电气控制柜控制回路，培养学生严谨细致、精益求精的工匠精神。

3.2.1.6   任务分组（见表 3.20）

表 3.20   任务分组表

班级			组号			指导教师	
组长			学号				
组员	姓名		学号		姓名		学号
任务分工							

3.2.1.7   自主探学

任务工作单 1

组号：_____   姓名：_____   学号：_____   检索号：3217-1

引导问题：

（1）请写出电路图中各电气符号的名称。

_____

_____

_____

_____

_____

（2）画出各元器件在电气控制柜控制回路中的安装位置。

_____

_____

_____

_____

_____

任务工作单 2

组号：_____ 姓名：_____ 学号：_____ 检索号：3217-2

引导问题：

（1）写出各元器件在该电路中的作用。

_____

_____

（2）请写出电气控制柜控制回路的工作原理。

_____

_____

_____

3.2.1.8　合作研学

任务工作单

组号：_____ 姓名：_____ 学号：_____ 检索号：3218-1

引导问题：

（1）小组交流讨论，教师参与，写出电气控制柜控制回路的工作原理。

_____

_____

_____

（2）记录自己存在的不足。

_____

_____

3.2.1.9　展示赏学

任务工作单

组号：_____ 姓名：_____ 学号：_____ 检索号：3219-1

引导问题：

（1）每小组推荐一位小组长，讲述电气控制柜控制回路中各元器件的名称及其在回路中的作用。

_____

_____

_____

（2）检讨本组每个人在学习过程中的问题，反思不足。

_____

_____

_____

3.2.1.10 电路图的识读

任务工作单

组号：_____ 姓名：_____ 学号：_____ 检索号：32110-1

引导问题

（1）电路图的识读方法，结合各元器件在电气控制柜控制回路中的安装位置，阐述电气控制柜控制回路的工作原理。

（2）对比分析标准的各元器件的作用，并填写表 3.21。

表 3.21 元器件作用表

元器件符号	元器件名称	元器件作用	原因分析

3.2.1.11 评价反馈（见表 3.22~表 3.25）

表 3.22 个人自评表

组号：_____ 姓名：_____ 学号：_____ 检索号：32111-1

班级		组名		日期	年 月 日
评价指标	评价内容			分数	分数评定
信息检索能力	能有效利用网络、图书资源查找有用的相关信息；能将查到的信息有效地应用到学习中			10 分	
感知课堂生活	熟悉检测工作岗位，认同工作价值；在学习中能获得满足感，课堂活跃			10 分	

班级		组名		日期	年　月　日
评价指标	评价内容			分数	分数评定
参与态度、交流沟通	积极主动与教师、同学交流，相互尊重、理解，平等相待；与教师、同学之间能够保持多向、丰富、适宜的信息交流			10分	
	能处理好合作学习和独立思考的关系，做到有效学习；能提出有意义的问题或能发表个人见解			10分	
知识、能力获得情况	熟悉电气控制柜控制电路图中各元器件的符号及明白其含义			10分	
	掌握电气控制柜控制电路中各元器件的作用			10分	
	能说出电气控制柜控制电路的工作原理			10分	
思维态度	能发现问题、提出问题、分析问题、解决问题，具有创新思维			10分	
自评反思	按时按质完成任务；较好地掌握知识点；具有较强的信息分析能力和理解能力；具有较为全面严谨的思维能力，并能条理清楚地表达			10分	
自评分数					
有益的经验和做法					
总结反馈建议					

表3.23　小组内互评验收表

组号：_____　姓名：_____　学号：_____　检索号：32111-2

班级		组名		日期	年　月　日
验收组长		成员		分数	分数评定
验收任务	熟悉电气控制柜控制回路电路图中各元器件的符号及含义；掌握电气控制柜控制回路中各元器件的作用；能说出电气控制柜控制回路的工作原理；文献检索目录				
验收档案（被验收者）	3217-1；3217-2；32110-1；文献检索清单				

续表

班级		组名		日期	年　月　日
验收组长		成员		分数	分数评定
验收评价标准	熟悉电气控制柜控制回路电路图中各元器件的符号及明白其含义，错一个扣 2 分			20 分	
	掌握电气控制柜控制回路中各元器件的作用，错一个扣 5 分			30 分	
	能准确阐述电气控制柜控制回路的工作原理，错一处扣 10 分			20 分	
	文献检索清单不少于 5 个，少一个扣 2 分			10 分	
评价分数					
该同学的不足之处					
有针对性的改进建议					

表 3.24　小组间互评表

被评组号：＿＿＿＿＿＿＿＿＿＿＿＿＿＿＿＿　　检索号：32111-3

班级		评价小组		日期	年　月　日
评价指标		评价内容		分数	分数评定
汇报表述	表述准确			15 分	
	语言流畅			10 分	
	准确反映小组完成情况			15 分	
内容正确度	内容正确			30 分	
	句型表达到位			30 分	
互评分数					
简要评述					

表 3.25 教师评价表

组号：_____ 姓名：_____ 学号：_____ 检索号：32211-4

班级		组名		姓名	
出勤情况					

评价内容	评价要点	考察要点	分数	老师评定	
				结论	分数
查阅文献情况	任务实施过程中文献查阅	（1）是否查阅信息资料	10 分		
		（2）正确运用信息资料			
互动交流情况	组内交流，教学互动	（1）积极参与交流	20 分		
		（2）主动接受教师指导			
任务完成情况	熟悉电气控制柜控制回路电路图中各元器件的符号及明白其含义	（1）根据表达的清晰程度酌情赋分	5 分		
		（2）内容正确，错一处扣2分	5 分		
	掌握电气控制柜控制回路中各元器件的作用	（1）根据表达的清晰程度酌情赋分	5 分		
		（2）内容正确，错一处扣2分	5 分		
		（3）内容正确，错一处扣2分	5 分		
	能说出电气控制柜控制回路的工作原理	（1）根据表达的清晰程度酌情赋分	10 分		
		（2）内容正确，错一处扣2分	10 分		
	文献检索目录	（1）数量达标，少一个扣2分	5 分		
		（2）根据文献匹配度酌情赋分	5 分		
素质目标达成度	团队协作	根据情况酌情赋分	10 分		
	自主探究	根据情况酌情赋分			
	学习态度	根据情况酌情赋分			
	课堂纪律	根据情况酌情扣分			
	出勤情况	缺勤1次扣2分			
	安全意识和规则意识	根据情况酌情赋分			
	多角度分析、统筹全局	根据情况酌情赋分			
	善于沟通、团队协作	根据情况酌情赋分			
	严谨细致、精益求精	根据情况酌情赋分			
合　计					

任务 3.2.2　电气控制柜控制回路的安装

3.2.2.1　任务描述

根据本项目任务 3.2.1 给定的控制回路电路图（图 3.34~图 3.36），制订工作计划，并按照工艺标准完成电气控制柜控制回路的安装。其中控制面板布局图、控制面板接线图和控制回路接线图分别如图 3.66~图 3.68 所示。

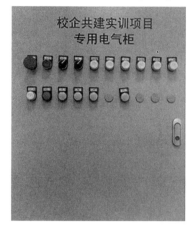

图 3.66　控制面板布局图

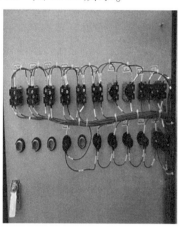

图 3.67　控制面板接线图

图 3.68　控制回路接线图

3.2.2.2　学习目标

1. 知识目标

（1）熟悉电路图中电气符号对应的元器件名称。

（2）了解在安装电气控制柜控制回路中所需的工具。

（3）掌握元器件在电气控制柜控制回路中的安装位置。

2. 能力目标

（1）能掌握测量工具的使用方法。

（2）能根据电路图正确选择元器件，并能检测元器件的好坏。

（3）能根据工艺标准，完成电气控制柜控制回路的安装。

3. 素质目标

（1）培养学生的安全意识、规则意识和合作精神。

（2）培养学生多角度分析、统筹全局的工作意识。

（3）培养学生善于沟通、团队协作的职业素养。

（4）培养学生严谨细致、精益求精的工匠精神。

3.2.2.3　任务分析

1. 重点

（1）能够按工艺标准完成电气控制柜控制回路的安装。

（2）能够检测元器件的好坏。

2. 难点

能够按工艺标准完成电气控制柜控制回路的安装。

3.2.2.4　知识链接

1. 主令电器

1）急停按钮（双常闭回路，见图 3.69）

急停按钮头　　　急停标志　　　安装基座　　　接触块（NC）　　　接触块（NO）

图 3.69　急停按钮组成图

2）选择开关（图 3.70）

选择开关头　　　安装基座　　　接触块（NC）　　　接触块（NO）

图 3.70　选择开关组成图

3）带灯按钮（图 3.71）

带灯按钮头   安装基座   接触块（NC）   接触块（NO）

图 3.71   带灯按钮组成图

2. PLC 的 I/O 点确定

1）PLC 的 I/O 点确定规则（图 3.72）

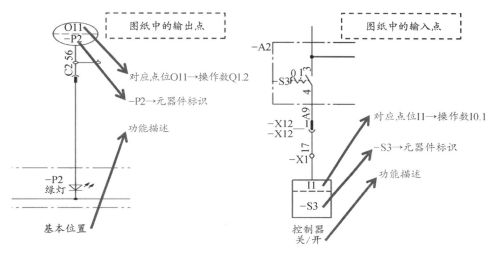

图 3.72   PLC 的 I/O 点确定规则

2）操作面板 I/O 对照表（表 3.22）

表 3.22   操作面板 I/O 对照表

端口	序号	操作数	元器件标识	功能描述
输入	I0	I0.0	−F5	报告"急停 OK"
	I1	I0.1	−S3	关/开
	I2	I0.2	−S4	点动/自动
	I3	I0.3	−S5	自动启动
	I4	I0.4	−S6	气缸−M10 缩进
	I5	I0.5	−S7	气缸−M10 伸出
	I6	I0.6	−S8	气缸−M20 缩进
	I7	I0.7	−S9	气缸−M20 伸出
	I8	I1.0	−S10	气缸−M30 缩进
	I9	I1.1	−S11	气缸−M30 伸出

端口	序号	操作数	元器件标识	功能描述
输出	O11	Q1.2	−P2	基本位置
	O12	Q1.3	−P3	点动/自动 点动：常亮；自动：闪亮
	O13	Q1.4	−P4	有工作压力
	O14	Q1.3	−P5	件数达到了
	O15	Q1.4	−P6	循环开
	O16	Q1.5	−P7	金属件分选
	O18	Q1.7	−P10	气缸−M10 缩进
	O19	Q2.0	−P11	气缸−M10 伸出
	O20	Q2.1	−P12	气缸−M20 缩进
	O21	Q2.2	−P13	气缸−M20 伸出
	O22	Q2.3	−P14	气缸−M30 缩进
	O23	Q2.4	−P15	气缸−M30 伸出

3. 计划决策的步骤

第一步：分组进行讨论。

第二步：总结出大家普遍认可的方案。

第三步：小组派代表汇报本组方案。

第四步：求同存异，做好记录。

第五步：经讨论后，由教师给出工作计划及实施方案的建议。

第六步：改进工作计划、完善材料清单表。

完成任务分析和电路图识读后，首先需要制订工作计划和编制材料清单。

工作计划、材料清单的编写格式参照电气控制柜主回路安装时的工作计划和材料清单。

4. 任务实施

（1）按照制订的材料清单领取相应的元器件、工具。

（2）根据最终决策的方案实施任务。

（3）根据工艺要求，进行电气控制柜控制回路的安装。安装的工艺要求参照电气控制柜主回路安装的工艺要求。

3.2.2.5 素质养成

根据电气控制柜控制回路安装的任务描述，结合任务需要，提升学生的安全意识和规则意识；在安装过程中，培养学生多角度分析，统筹全局的工作意识；通过制订工作计划和材料清单，小组成员轮流发言可以培养学生善于沟通、团队协作的职业素养；按照工艺要求正确安装电气控制柜控制回路，培养学生严谨细致、精益求精的工匠精神。

3.2.2.6 任务分组（见表 3.22）

表 3.22 任务分组表

班级		组号		指导教师	
组长		学号			
	姓名	学号		姓名	学号
组员					
任务分工					

3.2.2.7 自主探学

任务工作单 1

组号：_____ 姓名：_____ 学号：_____ 检索号：3227−1

引导问题：

（1）请写出电气控制柜控制回路中所需的元器件及个数。

_____

_____

_____

_____

（2）画出各元器件在电气控制柜控制回路中的安装位置。

_____

_____

_____

_____

（3）说出在安装中所需要的工具。

_____

_____

_____

_____

_____

任务工作单 2

组号：_____ 姓名：_____ 学号：_____ 检索号：3227-2

引导问题：

（1）写出安装中的一些注意事项。

_____

_____

（2）如何确定电气控制柜控制回路中各元器件的好坏？

_____

_____

（3）请写出电气控制柜控制回路安装中的工艺标准。

_____

_____

_____

3.2.2.8　合作研学

任务工作单

组号：_____ 姓名：_____ 学号：_____ 检索号：3228-1

引导问题：

（1）小组交流讨论，教师参与，写出电气控制柜控制回路的安装工作计划表（表 3.24）。

表 3.24　电气控制柜控制回路的安装工作计划表

工作内容	工作地点	工作时间	使用工具及设备

（2）电气控制柜控制回路的元器件选型表（表 3.25）。

表 3.25　**电气控制柜控制回路的元器件选型表**

序号	元器件名称	型号	数量	作用描述

（3）画出元器件在电气控制柜控制回路中的位置图。

（4）记录自己存在的不足。

3.2.2.9　展示赏学

任务工作单

组号：_____　　姓名：_____　　学号：_____　　检索号：<u>3229-1</u>

引导问题：

（1）每小组推荐一位组员，讲述电气控制柜控制回路的安装工作计划，并说明如此计划的理由。

（2）检讨本组每个人在学习过程中的问题，反思不足。

3.2.2.10　完成电气控制柜控制回路的安装

任务工作单

组号：_____　　姓名：_____　　学号：_____　　检索号：<u>32210-1</u>

引导问题：

（1）按照电气控制柜控制回路的安装计划表，并观看老师示范，结合给定要素，完成控制回路的安装。

（2）对比分析标准的各元器件的作用，并填写表 3.26。

表 3.26　各元器件的作用表

元器件符号	元器件名称	元器件作用	原因分析

3.2.2.11　评价反馈（见表 3.27～表 3.30）

表 3.27　个人自评表

组号：_____　　姓名：_____　　学号：_____　　检索号：33211-1

班级	组名		日期	年　月　日
评价指标	评价内容		分数	分数评定
信息检索能力	能有效利用网络、图书资源查找有用的相关信息；能将查到的信息有效地应用到学习中		10 分	
感知课堂生活	熟悉检测工作岗位，认同工作价值；在学习中能获得满足感，课堂活跃		10 分	
参与态度、交流沟通	积极主动与教师、同学交流，相互尊重、理解、平等相待；与教师、同学之间能够保持多向、丰富、适宜的信息交流		10 分	
	能处理好合作学习和独立思考的关系，做到有效学习；能提出有意义的问题或能发表个人见解		10 分	
知识、能力获得情况	掌握电气控制柜控制回路电路图中各元器件的检测方法		10 分	
	掌握电气控制柜控制回路电路图中各元器件的作用		10 分	
	能确定各元器件的安装位置		10 分	
	能完成电气控制柜控制回路的安装		10 分	
思维态度	能发现问题、提出问题、分析问题、解决问题，具有创新思维		10 分	

续表

班级		组名		日期	年　月　日
评价指标	评价内容			分数	分数评定
自评反思	按时按质完成任务；较好地掌握知识点；具有较强的信息分析能力和理解能力；具有较为全面严谨的思维能力，并能条理清楚地表达			10 分	
自评分数					
有益的经验和做法					
总结反馈建议					

表 3.28　小组内互评验收表

组号：_____　　姓名：_____　　学号：_____　　检索号：33211-2

班级		组名		日期	年　月　日
验收组长		成员		分数	分数评定
验收任务	掌握电气控制柜控制回路电路图中各元器件的检测方法； 掌握测量工具的正确使用； 能确定各元器件的安装位置； 能说出电路的安装工艺标准； 文献检索目录				
验收档案 （被验收者）	3227-1； 3227-2； 32210-1； 文献检索清单				
验收评价标准	掌握电气控制柜控制回路电路图中各元器件的好坏检测方法，错一个扣 2 分			20 分	
	掌握测量工具的正确使用，错一个扣 5 分			30 分	
	按标准工艺安装，不达标一处扣 5 分			20 分	
	按 6S 标准操作，不达标一处扣 10 分			20 分	
	文献检索清单不少于 5 个，少一个扣 2 分			10 分	
评价分数					
该同学的不足之处					
有针对性的改进建议					

表 3.29 小组间互评表

被评组号： _____ 检索号：32211-3

班级		评价小组		日期	年　月　日
评价指标	评价内容			分数	分数评定
汇报表述	表述准确			15 分	
	语言流畅			10 分	
	准确反映小组完成情况			15 分	
内容正确度	内容正确			30 分	
	句型表达到位			30 分	
互评分数					
简要评述					

表 3.30 教师评价表

组号： _____ 姓名： _____ 学号： _____ 检索号：32211-4

班级		组名		姓名		
出勤情况						
评价内容	评价要点	考察要点		分数	老师评定	
					结论	分数
查阅文献情况	任务实施过程中文献查阅	（1）是否查阅信息资料		10 分		
		（2）正确运用信息资料				
互动交流情况	组内交流，教学互动	（1）积极参与交流		20 分		
		（2）主动接受教师指导				
任务完成情况	掌握控制回路中各元器件的好坏检测	（1）根据操作情况酌情赋分		5 分		
		（2）操作规范，错一处扣 2 分		5 分		
	掌握测量工具的正确使用方法	（1）根据操作情况酌情赋分		5 分		
		（2）操作规范，错一处扣 2 分		5 分		
	能确定各元器件的安装位置	（1）根据操作情况酌情赋分		5 分		
		（2）内容正确，错一处扣 2 分		5 分		
	按标准工艺操作	（1）根据操作情况酌情赋分		10 分		
		（2）内容正确，错一处扣 2 分		10 分		
	文献检索目录	（1）数量达标，少一个扣 2 分		5 分		
		（2）根据文献匹配度酌情赋分		5 分		

续表

班级		组名		姓名	
出勤情况					

评价内容	评价要点	考察要点	分数	老师评定	
				结论	分数
素质目标达成度	团队协作	根据情况酌情赋分	10分		
	自主探究	根据情况酌情赋分			
	学习态度	根据情况酌情赋分			
	课堂纪律	根据情况酌情扣分			
	出勤情况	缺勤 1 次扣 2 分			
	安全意识和规则意识	根据情况酌情赋分			
	多角度分析、统筹全局	根据情况酌情赋分			
	善于沟通、团队协作	根据情况酌情赋分			
	严谨细致、精益求精	根据情况酌情赋分			
合　计					

模块4 自动化滑仓系统电气-气动控制回路的安装与调试

项目4.1 传感器控制回路的安装与调试

任务4.1.1 传感器控制回路的安装

4.1.1.1 任务描述

根据下面给定的传感器控制回路电路图（图4.1），能熟练识读传感器的电气符号；理解传感器的工作原理和作用；能根据现场选用合适的传感器，并按要求进行安装和接线。

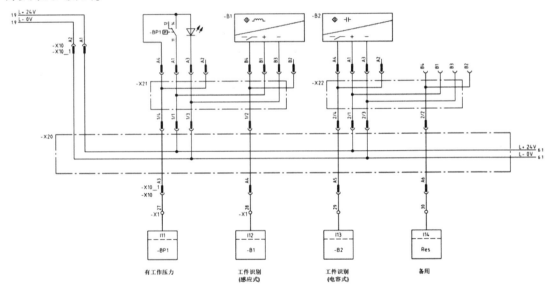

图4.1 传感器控制回路电路图

4.1.1.2　学习目标

1. 知识目标

（1）熟悉各传感器的电气符号的含义。

（2）了解传感器的工作原理，能够识读其控制回路。

（3）能正确选用合适的传感器。

（4）能够了解各传感器的安装工艺要求。

2. 能力目标

（1）能够快速识别各类传感器。

（2）能够识读传感器控制回路。

（3）能够正确地安装传感器并完成接线。

3. 素质目标

（1）培养学生的安全意识、规则意识和合作精神。

（2）培养学生多角度分析、统筹全局的工作意识。

（3）培养学生善于沟通、团队协作的职业素养。

（4）培养学生严谨细致、精益求精的工匠精神。

4.1.1.3　任务分析

1. 重点

（1）能够完成传感器控制回路的识读。

（2）能够正确安装传感器并完成接线。

2. 难点

（1）掌握各传感器的工作原理。

（2）确定传感器的安装方式和位置。

4.1.1.4　知识链接

1. 制订对照表、计划表和选型表

（1）I/O 对照表内容包括输入/输出、序号、操作数、元器件标识、功能描述，如表 4.1 所示。

（2）传感器安装计划表内容包括工作内容、工作地点、工作时间、使用的工具或设备，如表 4.2 所示。

（3）传感器控制回路的工具和元器件的选型包括工具或元器件名称、型号、数量、作用描述、单价，如表 4.3 所示。

表 4.1　I/O 对照表（输入）

端口	序号	操作数	元器件标识	功能描述
输入	I11	I1.2	−BP1	工作有压力
	I12	I1.3	−B1	工件识别（感应式）
	I13	I1.4	−B2	工件识别（电容式）
	I15	I1.6	−B11	气缸−M10 缩进
	I16	I1.7	−B12	气缸−M10 伸出
	I17	I2.0	−B21	气缸−M20 缩进
	I18	I2.1	−B22	气缸−M20 伸出
	I8	I1.0	−B31	气缸−M30 缩进
	I9	I1.1	−B32	气缸−M30 伸出

表 4.2　传感器安装计划表（示例）

序号	工作内容	工作地点	工作时间/min	使用的工具或设备
1	传感器的选型	电气工作台	5	—
2	M12 连接器、传感器的接线	电气工作台	0	剥线钳、压线钳、一字形螺旋工具、十字形螺旋工具
3	M12 分配器与重载的安装	电气工作台	120	一字形螺旋工具、十字形螺旋工具
4	传感器与 M12 分配器的连接	电气工作台	0	一字形螺旋工具、十字形螺旋工具
5	导线的绑扎和整理	电气工作台	0	一字形螺旋工具、压线钳
6	按照图纸要求打印标签纸和粘贴到对应的元器件上	电气工作台	5	打标机
7	目测检查是否存在漏接或连接不牢固的地方	电气工作台	5	无

表 4.3　传感器控制回路的工具和元器件选型（示例）

序号	工具或元器件名称	型号	数量/个	作用描述	单价/元
1	M12 分配器	M12-8K-DZP	2	给面板元器件提供转接	551.60
2	M12 连接器	4 芯直头	32	传感器快速连接接头	18.00
3	Y 型连接器	M12-442A	6	传感器快速连接接头与扩展	29.00
4	带数显压力开关	ISE30A-01-N-L	1	电源进线控制	135.00
5	电容式传感器	LJ12A3-4-Z/BX	1	检测有无物料	9.00
6	电感式传感器	LJ18A3-8-Z/AX	1	检测有无金属件	11.20

续表

序号	工具或元器件名称	型号	数量/个	作用描述	单价/元
7	磁性开关	D-Z73-Z73	6	气缸的状态	8.00
8	一字精密起	宝工 SD-081-S1	1	拆装小螺丝固定端子	2.42
9	具包	菲尼克斯 TOOL-WRAP	1	进行安装和接线	3 314.25
10	压线钳	CRIMPFOX 0S- 1212045	1	冷压端子的压接	2 434.72

2. 控制回路中各元器件的作用

1）重载连接器

重载连接器在传感器控制回路中的位置如图 4.2 所示。

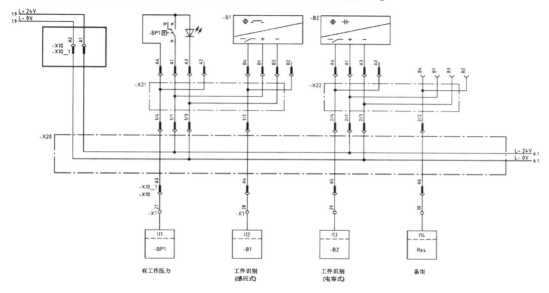

图 4.2　重载连接器在传感器控制回路中的位置

图 4.3 为重载连接器的电气符号，其中-X10 为重载连接器的母座（插座），-X10_1 为重载连接器的公插（插头），A1、A2 为电源接点，A1 接电源 0 V，A2 接电源 24 V。图 4.4 为本项目使用的重载连接器。

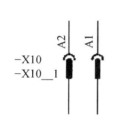

图 4.3　重载连接器的电气符号

图 4.4　重载连接器

117

注意事项：重载的母座和公插有相应的标号，安装时一定要注意对应。

2）压力开关

压力开关在传感器控制回路中的位置如图4.5所示。

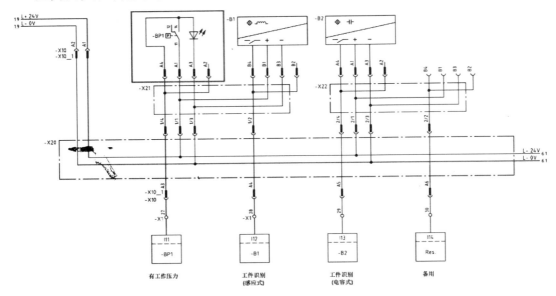

图4.5　压力开关在传感器控制回路中的位置

图4.6为压力开关的电气符号，其中-BP1为压力开关识别标识，A4为信号输出通道，A1接电源24 V，A3接电源0 V，A2为备用信号通道。图4.7为本项目使用的数显压力开关。

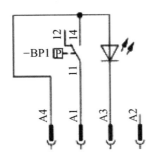

图4.6　压力开关的电气符号

图4.7　数显压力开关

注意事项：选型的时候注意压力开关是几线制的，根据需求进行安装接线。

3）电感式传感器

电感式传感器在传感器控制回路中的位置如图4.8所示。

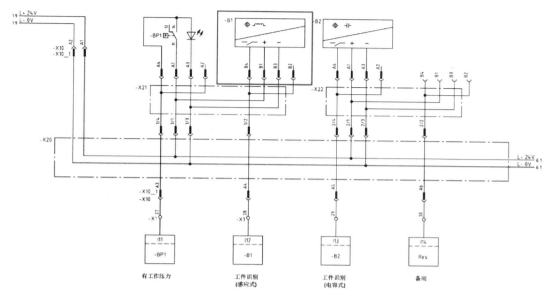

图 4.8　电感式传感器在传感器控制回路中的位置

图 4.9 为电感式传感器的电气符号，其中-B1 为电感式传感器标识，A4 为信号输出通道，A1 接电源 24 V，A3 接电源 0 V，A2 为备用信号通道。图 4.10 为本项目使用的电感式传感器。

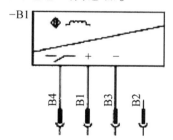

图 4.9　电感式传感器的电气符号

图 4.10　电感式传感器

注意事项：电感式传感器用于检测金属，安装时注意不要被工件干涉，否则检测的料件不准确。

4）电容式传感器

电容式传感器在传感器控制回路中的位置如图 4.11 所示。

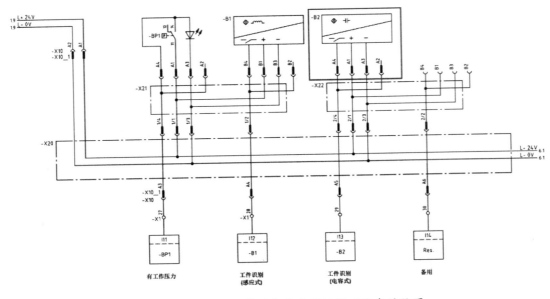

图 4.11　电容式传感器在传感器控制回路中的位置

图 4.12 为电容式传感器的电气符号，其中−B2 为电容式传感器的标识，A4 为信号输出通道，A1 接电源 24 V，A3 接电源 0 V，A2 为备用信号通道。图 4.13 为本项目使用的电容式传感器。

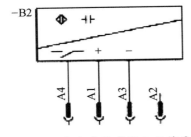

图 4.12　电容式传感器电气符号

图 4.13　电容式传感器

注意事项：电容式传感器用于检测是否有物料，根据安装位置要确定型号，防止传感器头伸出过长阻碍设备运行。

5）Y 型连接器

Y 型连接器在传感器控制回路中的位置如图 4.14 所示。

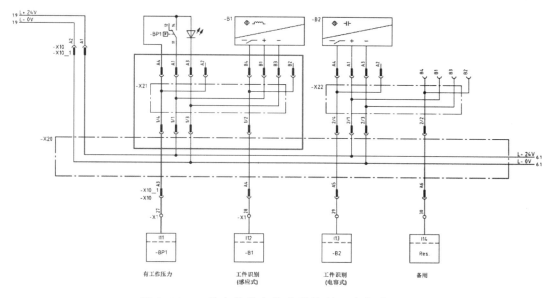

图 4.14　Y 型连接器在传感器控制回路中的位置

图 4.15 为 Y 型连接器的电气符号，其中 –X21 为 Y 型连接器标识，A4 为信号输出通道 1，A1 接电源 24 V，A3 接电源 0 V，A2 为备用信号通道。图 4.16 为本项目使用的 Y 型连接器。

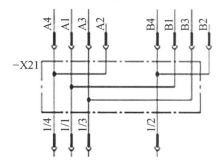

图 4.15　Y 型连接器的电气符号

图 4.16　Y 型连接器

注意事项：同时安装 2 个传感器时，要注意通道的使用，避免造成 2 个传感器共用同一通道的情况。

4.1.1.5　素质养成

学生通过自主研学，培养学生分析问题的能力和自学能力；通过分组进行讨论发言，培养学生的沟通协作能力；通过安装，培养学生的团队协作能力和安全意识；严格按照工艺要求安装，培养学生精益求精的工匠精神。

4.1.1.6 任务分组（见表4.4）

表4.4 任务分组表

班级		组号		指导教师	
组长		学号			
组员	姓名	学号		姓名	学号
任务分工					

4.1.1.7 自主探学

任务工作单1

组号：_____　　姓名：_____　　学号：_____　　检索号：4117-1

引导问题：

（1）请写出传感器控制回路中各传感器的名称及符号。

_____

_____

（2）说出各传感器的工作原理。

_____

_____

任务工作单2

组号：_____　　姓名：_____　　学号：_____　　检索号：4117-2

引导问题：

（1）写出各传感器在传感器控制回路中的作用。

_____

（2）请写出各传感器的安装要求。

_____

（3）请画出传感器的接线。

_____

_____

_____

4.1.1.8　合作研学

任务工作单

组号：_____　　姓名：_____　　学号：_____　　检索号：4118-1

引导问题：

（1）小组交流讨论，教师参与，写出传感器的安装要求。

_____

_____

_____

（2）记录自己存在的不足。

_____

_____

4.1.1.9　展示赏学

任务工作单

组号：_____　　姓名：_____　　学号：_____　　检索号：4119-1

引导问题：

（1）每小组推荐一位小组长，讲述传感器控制回路中使用到的传感器的工作原理。

_____

_____

_____

（2）检讨本组每个人在学习过程中的问题，反思不足。

_____

_____

_____

4.1.1.10　传感器的安装

任务工作单

组号：_____　　姓名：_____　　学号：_____　　检索号：41110-1

引导问题：

（1）结合各元器件在电气-气动控制回路中的安装位置，阐述传感器的安装方法和接线。

（2）对比分析传感器的作用，并填写表4.5。

表4.5　传感器的作用对比

传感器符号	传感器名称	传感器作用	安装（接线）

4.1.1.11　评价反馈（见表4.6～表4.9）

表4.6　个人自评表

组号：_____　姓名：_____　学号：_____　检索号：41111-1

班级		组名		日期	年　月　日
评价指标	评价内容			分数	分数评定
信息检索能力	能有效利用网络、图书资源查找有用的相关信息；能将查到的信息有效地应用到学习中			10分	
感知课堂生活	熟悉检测工作岗位，认同工作价值；在学习中能获得满足感，课堂活跃			10分	
参与态度、交流沟通	积极主动与教师、同学交流，相互尊重、理解、平等相待；与教师、同学之间能够保持多向、丰富、适宜的信息交流			10分	
	能处理好合作学习和独立思考的关系，做到有效学习；能提出有意义的问题或能发表个人见解			10分	
知识、能力获得情况	熟悉各传感器的名称及符号			10分	
	掌握传感器的工作原理			10分	
	能正确说出传感器的安装要求及安装位置			10分	
	能正确完成传感器的安装和接线			10分	
思维态度	能发现问题、提出问题、分析问题、解决问题，具有创新思维			10分	

续表

班级		组名		日期	年　月　日
评价指标		评价内容		分数	分数评定
自评反思		按时按质完成任务；较好地掌握知识点；具有较强的信息分析能力和理解能力；具有较为全面严谨的思维能力，并能条理清楚地表达		10 分	
自评分数					
有益的经验和做法					
总结反馈建议					

表 4.7　小组内互评验收表

组号：_____　　姓名：_____　　学号：_____　　检索号：41111-2

班级		组名		日期	年　月　日
验收组长		成员		分数	分数评定
验收任务		熟悉各传感器的名称及符号； 掌握传感器的工作原理； 能确定传感器的安装要求及安装位置； 能正确完成传感器的安装和接线； 文献检索目录			
验收档案 （被验收者）		4117-1； 4117-2； 41110-1； 文献检索清单			
验收评价标准		熟悉传感器的名称及符号，错一个扣 2 分		20 分	
		掌握传感器的工作原理，错一个扣 5 分		30 分	
		清楚传感器的安装要求并能确定安装位置，错一个扣 5 分		20 分	
		正确完成传感器的安装和接线，错一处扣 10 分		20 分	
		文献检索清单不少于 5 个，少一个扣 2 分		10 分	
评价分数					
该同学的不足之处					
有针对性的改进建议					

表 4.8　小组间互评表

被评组号：＿＿＿＿＿＿＿＿＿＿＿＿＿＿＿　　检索号：41111-3

班级		评价小组		日期	年　月　日
评价指标	评价内容			分数	分数评定
汇报表述	表述准确			15 分	
	语言流畅			10 分	
	准确反映小组完成情况			15 分	
内容正确度	内容正确			30 分	
	句型表达到位			30 分	
互评分数					
简要评述					

表 4.9　教师评价表

组号：＿＿＿＿＿　姓名：＿＿＿＿＿　学号：＿＿＿＿＿　检索号：41111-4

班级		组名		姓名	
出勤情况					
评价内容	评价要点	考察要点	分数	老师评定 结论	分数
查阅文献情况	任务实施过程中文献查阅	（1）是否查阅信息资料	10 分		
		（2）正确运用信息资料			
互动交流情况	组内交流，教学互动	（1）积极参与交流	20 分		
		（2）主动接受教师指导			
任务完成情况	熟悉各传感器的名称及符号	（1）根据表达的清晰程度酌情赋分	5 分		
		（2）内容正确，错一处扣 2 分	5 分		
	掌握各传感器的工作原理	（1）根据表达的清晰程度酌情赋分	5 分		
		（2）内容正确，错一处扣 2 分	5 分		
	能正确说出传感器的安装要求及安装位置	（1）根据表达的清晰程度酌情赋分	5 分		
		（2）内容正确，错一处扣 2 分	5 分		
	正确完成传感器的安装和接线	（1）根据操作情况酌情赋分	10 分		
		（2）操作正确，错一处扣 2 分	10 分		
	文献检索目录	（1）数量达标，少一个扣 2 分	5 分		
		（2）根据文献匹配度酌情赋分	5 分		

续表

班级		组名		姓名	
出勤情况					

评价内容	评价要点	考察要点	分数	老师评定	
				结论	分数
素质目标达成度	团队协作	根据情况酌情赋分	10分		
	自主探究	根据情况酌情赋分			
	学习态度	根据情况酌情赋分			
	课堂纪律	根据情况酌情扣分			
	出勤情况	缺勤 1 次扣 2 分			
	安全意识和规则意识	根据情况酌情赋分			
	多角度分析、统筹全局	根据情况酌情赋分			
	善于沟通、团队协作	根据情况酌情赋分			
	严谨细致、精益求精	根据情况酌情赋分			
合　计					

任务 4.1.2　传感器控制回路的调试

4.1.2.1　任务描述

根据已完成安装的传感器，对传感器元器件进行不带电和带电测试，对传感器的安装位置、接线等进行检测，完成传感器控制回路的调试。如图 4.17、图 4.18 所示。

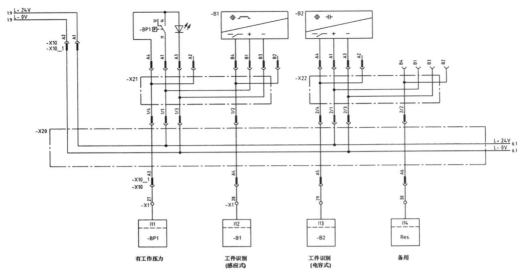

图 4.17　传感器控制回路 1

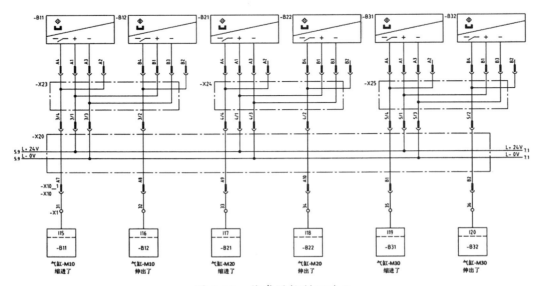

图 4.18　传感器控制回路 2

4.1.2.2　学习目标

1. 知识目标

（1）能制订安全合理的传感器控制回路调试计划。

（2）了解各类传感器的调试内容和检测方法。

（3）掌握带电检测各类传感器的方法。

（4）掌握传感器控制回路的调试。

2. 能力目标

（1）能掌握各类传感器的调试内容和检测方法。

（2）能熟练判断传感器是否正常工作。

3. 素质目标

（1）培养学生的安全意识、规则意识和合作精神。

（2）培养学生多角度分析、统筹全局的工作意识。

（3）培养学生善于沟通、团队协作的职业素养。

（4）培养学生严谨细致、精益求精的工匠精神。

4.1.2.3　任务分析

1. 重点

（1）掌握各类传感器的调试内容和检测方法。

（2）能够完成传感器控制回路的调试。

2. 难点

各类传感器的调试内容和检测方法。

4.1.2.4　知识链接

1. 制订传感器控制回路检测计划的方法

传感器控制回路检测计划主要包含检测方式、检测内容、使用设备和检测人员等，如表 4.10 所示。

表 4.10 传感器控制回路检测计划（示例）

序号	检测方式	检测内容	使用设备	检测人员
1		电路图完整		××
2		设备（元器件）按专业要求配备		××
3		电路是否按图纸连接完全		××
4	不带电测试	元器件是否有损坏（外观）	目视检查	××
5		导线是否有损坏（外观）		××
6		传感器是否与组合件相互影响（信号干扰）		××
7		所有元器件和线路是否做好标识		××
8		接地线的导通性	万用表	××
9	带电测试	接近开关指示灯是否正常	目测检查	××
10		电感式传感器指示灯是否正常		××
11		电容式传感器指示灯是否正常		××
12	带电测试	光电传感器指示灯是否正常	目测检查	××
13		PLC是否按要求接收传感器信号		××

2. 传感器控制回路调试过程中，各元器件的主要作用

（1）磁性开关（图 4.19）：常用于检测气缸的动作。

图 4.19　磁性开关

磁性开关在调试时需注意：安装磁性开关时，要注意接线。避免出现信号无法识别的问题。其次，要避免导线被破坏或是导线缠绕。

（2）电容式、电感式传感器（图 4.20）：常用于检测工件物料，并反馈给控制器。

图 4.20　电容式传感器（左）和电感式传感器（右）

电容式、电感式传感器调试时需注意：电容式传感器，可以检测一定距离类的物体，但不可以区分物料。电感式传感器，只能够检测金属物料。

（3）光电传感器（图4.21）：可以检测物料，判断颜色深浅等功能。

图4.21　光电传感器

光电传感器调试时需注意：光电传感器分为漫反射式、对射式和镜面反射式等，对于不同材料要合理选用传感器类型。对于颜色深浅判断的原理为：黑色吸收所有光，白色反射所有光。所以检测深色时，传感器反馈为1；检测白色时，传感器反馈为0。

（4）压力开关（图4.22）：通过设定压力，检测气动电路压力是否达到要求。

图4.22　压力开关

压力开关调试时需注意：安装时要保证电路的气密性。对于信号问题，需要对压力开关进行设置，确定检测到压力是使用常开反馈还是常闭反馈。

多数情况下，同一功能传感器会有不同的型号，用以针对特殊的场景。各种电容式传感器如图4.23所示。

图4.23　各种电容式传感器

上面的电容式传感器中，Festo SIED可以对周边进行检测，Festo SIEN可以对周边的金属屏蔽，Festo SIEA可以沉孔检测。在使用时，根据现场环境要求进行选用。

4.1.2.5　素质养成

学生通过自主研学，培养学生分析问题的能力和自学能力；通过分组进行讨论发言，培养学生的沟通协作能力；通过调试传感器控制回路，培养学生的团队协作能力和安全意识。

4.1.2.6　任务分组（见表4.11）

表4.11　任务分组表

班级		组号		指导教师	
组长		学号			
组员	姓名	学号		姓名	学号
任务分工					

4.1.2.7　自主探学

任务工作单1

组号：＿＿＿＿＿　　姓名：＿＿＿＿＿　　学号：＿＿＿＿＿　　检索号：4127-1

引导问题：

画出各传感器安装的位置。

_____

_____

_____

任务工作单2

组号：＿＿＿＿＿　　姓名：＿＿＿＿＿　　学号：＿＿＿＿＿　　检索号：4127-2

引导问题：

（1）写出传感器正常工作时的状态。

_____

_____

（2）请写出传感器的检测内容？

_____

_____

（3）请写出传感器的调试方法。

___
___
___

4.1.2.8 合作研学

任务工作单

组号：_____ 姓名：_____ 学号：_____ 检索号：4128-1

引导问题：

（1）小组交流讨论，教师参与，写出传感器检测的内容和方法。

___
___
___

（2）记录自己存在的不足。

___
___

4.1.2.9 展示赏学

任务工作单

组号：_____ 姓名：_____ 学号：_____ 检索号：4129-1

引导问题：

（1）每小组推荐一位小组长，讲述各传感器的调试内容和检测方法。

___
___

（2）检讨本组每个人在学习过程中的问题，反思不足。

___
___
___

4.1.2.10 传感器控制回路的调试

任务工作单

组号：_____ 姓名：_____ 学号：_____ 检索号：41210-1

引导问题：

（1）讲述传感器的调试内容、使用的设备及检测方法。

（2）对比分析标准的各元器件的作用，并填写表4.12。

表4.12　元器件的作用表

传感器符号	传感器名称	传感器检测内容	传感器检测方法

4.1.2.11　评价反馈（见表4.13～表4.16）

表4.13　个人自评表

组号：_____　　姓名：_____　　学号：_____　　检索号：41211-1

班级		组名		日期	年　月　日
评价指标	评价内容			分数	分数评定
信息检索能力	能有效利用网络、图书资源查找有用的相关信息；能将查到的信息有效地应用到学习中			10分	
感知课堂生活	熟悉检测工作岗位，认同工作价值；在学习中能获得满足感，课堂活跃			10分	
参与态度、交流沟通	积极主动与教师、同学交流，相互尊重、理解，平等相待；与教师、同学之间能够保持多向、丰富、适宜的信息交流			10分	
参与态度、交流沟通	能处理好合作学习和独立思考的关系，做到有效学习；能提出有意义的问题或能发表个人见解			10分	
知识、能力获得情况	了解传感器的名称及其符号			10分	
知识、能力获得情况	能找到各类传感器的安装位置			10分	
知识、能力获得情况	掌握传感器的调试内容			10分	
知识、能力获得情况	掌握传感器的检测方法			10分	

班级		组名		日期	年 月 日
评价指标	评价内容			分数	分数评定
思维态度	能发现问题、提出问题、分析问题、解决问题，具有创新思维			10分	
自评反思	按时按质完成任务；较好地掌握知识点；具有较强的信息分析能力和理解能力；具有较为全面严谨的思维能力，并能条理清楚地表达			10分	
自评分数					
有益的经验和做法					
总结反馈建议					

表4.14 小组内互评验收表

组号：_____ 姓名：_____ 学号：_____ 检索号：41211-2

班级		组名		日期	年 月 日
验收组长		成员		分数	分数评定
验收任务	熟悉传感器名称及其符号； 能找到各传感器的安装位置； 掌握传感器需要调试的内容； 掌握传感器的检测方法； 文献检索目录				
验收档案（被验收者）	4127-1； 4127-2； 41210-1； 文献检索清单				
验收评价标准	熟悉传感器的名称及符号，错一个扣2分			20分	
	找到传感器的正确安装位置，错一个扣5分			30分	
	清楚传感器需要调试的内容，错一个扣5分			20分	
	掌握各传感器的检测方法，错一处扣10分			20分	
	文献检索清单不少于5个，少一个扣2分			10分	
评价分数					
该同学的不足之处					
有针对性的改进建议					

表4.15　小组间互评表

被评组号：_____　　　　检索号：41211-3

班级		评价小组		日期	年　月　日
评价指标	评价内容			分数	分数评定
汇报表述	表述准确			15分	
	语言流畅			10分	
	准确反映小组完成情况			15分	
内容正确度	内容正确			30分	
	句型表达到位			30分	
互评分数					
简要评述					

表4.16　教师评价表

组号：_____　姓名：_____　学号：_____　检索号：41211-4

班级		组名		姓名	
出勤情况					
评价内容	评价要点	考察要点	分数	老师评定	
				结论	分数
查阅文献情况	任务实施过程中文献查阅	(1) 是否查阅信息资料	10分		
		(2) 正确运用信息资料			
互动交流情况	组内交流，教学互动	(1) 积极参与交流	20分		
		(2) 主动接受教师指导			
任务完成情况	熟悉传感器的名称及符号	(1) 根据表达的清晰程度酌情赋分	5分		
		(2) 内容正确，错一处扣2分	5分		
	找到传感器的安装位置	(1) 根据表达的清晰程度酌情赋分	5分		
		(2) 内容正确，错一处扣2分	5分		
	掌握传感器要调试的内容	(1) 根据表达的清晰程度酌情赋分	5分		
		(2) 内容正确，错一处扣2分	5分		
	掌握传感器的检测方法	(1) 根据表达的清晰程度酌情赋分	10分		
		(2) 内容正确，错一处扣2分	10分		
	文献检索目录	(1) 数量达标，少一个扣2分	5分		
		(2) 根据文献匹配度酌情赋分	5分		

班级		组名		姓名	
出勤情况					

评价内容	评价要点	考察要点	分数	老师评定	
				结论	分数
素质目标 达成度	团队协作	根据情况酌情赋分	10分		
	自主探究	根据情况酌情赋分			
	学习态度	根据情况酌情赋分			
	课堂纪律	根据情况酌情扣分			
	出勤情况	缺勤1次扣2分			
	安全意识和规则意识	根据情况酌情赋分			
	多角度分析、统筹全局	根据情况酌情赋分			
	善于沟通、团队协作	根据情况酌情赋分			
	严谨细致、精益求精	根据情况酌情赋分			
合　计					

项目 4.2　气动控制回路的安装与调试

任务 4.2.1　气动控制回路的安装

4.2.1.1　任务描述

根据气动控制回路原理图（图 4.24），制订 I/O 对照表、工作计划、材料清单，制订气动控制回路安装计划表，选择气动控制回路元器件和工具，按照实施方案完成气动控制回路的安装，对安装设备进行工艺整理，目测检查控制回路的安装是否符合图纸要求和工艺标准。

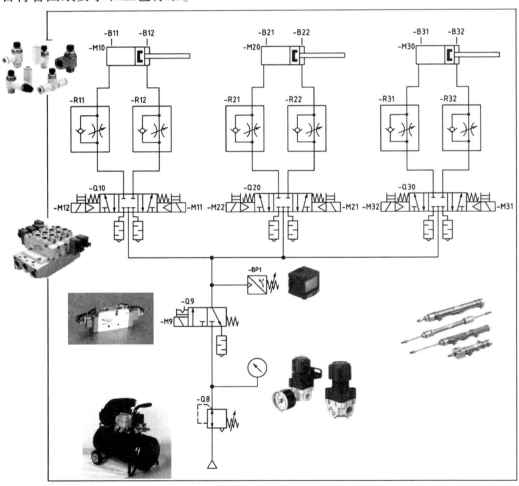

图 4.24　气动控制回路原理图

4.2.1.2　学习目标

1. 知识目标

（1）能识读、绘制、分析气动控制回路原理图。

（2）了解气动控制回路安装任务实施中包含的元器件和工具。

（3）了解气动控制回路的安装工艺。

2. 能力目标

（1）能选取合适的气动执行元器件和气动控制元器件，并按照工艺标准进行安装连接。

（2）能制订工作计划，并按照制定的工作流程和安装工艺标准完成气动控制回路的安装。

3. 素质目标

（1）培养学生的安全意识、规则意识和合作精神。

（2）培养学生多角度分析、统筹全局的工作意识。

（3）培养学生善于沟通、团队协作的职业素养。

（4）培养学生严谨细致、精益求精的工匠精神。

4.2.1.3　任务分析

1. 重点

（1）能识读、绘制、分析气动控制回路原理图。

（2）能够画出气动控制回路各元器件的安装位置。

2. 难点

能够准确说出各元器件的功能和工作原理。

4.2.1.4　相关知识链接

1. 电气符号识读

1）气缸

气缸在气动控制回路中的位置如图 4.25 所示。

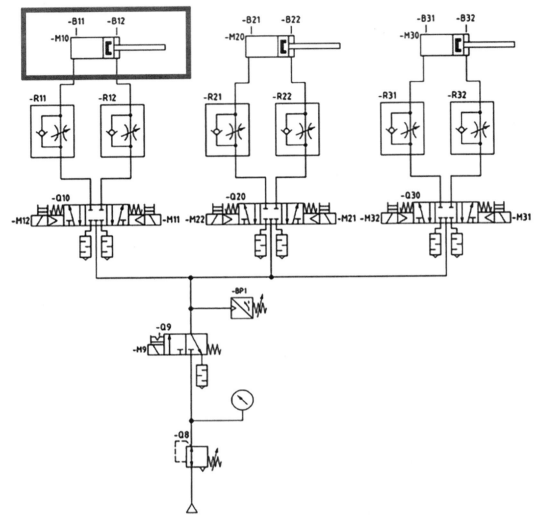

图 4.25　气缸在气动控制回路中的位置

图 4.26 为气缸的电气符号，其中 −M10 为气缸的标识，−B11 和 −B12 为气缸上的两个磁性开关。图 4.27 为本项目使用的双作用气缸。

图 4.26　气缸的电气符号　　　　　图 4.27　双作用气缸

注意事项：选择气缸型号时，要注意选择带有磁环的气缸，否则会造成磁性开关无法检测气缸的状态。

2）单向节流阀

单向节流阀在气动控制回路中的位置如图4.28所示。

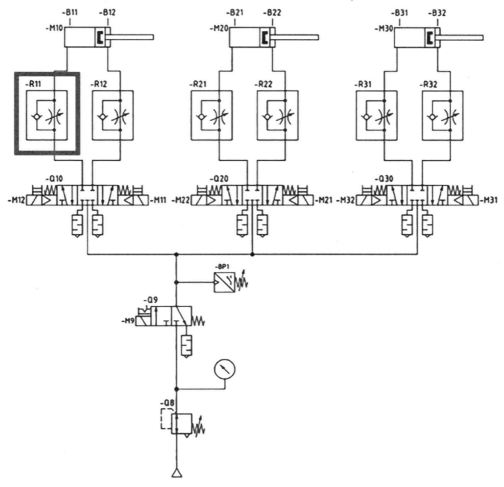

图4.28　单向节流阀在气动控制回路中的位置

图4.29为单向节流阀的电气符号，其中-R11为单向节流阀，图纸中的符号表示节流阀为排气节流。

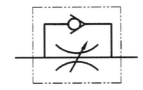

图4.29　单向节流阀的电气符号

注意事项：安装时要注意介质流动方向与阀体所标箭头方向保持一致，避免安装方向错误导致压强过大，引起安全事故。

3）双电控三位五通阀

双电控三位五通阀在气动控制回路中的位置如图4.30所示。

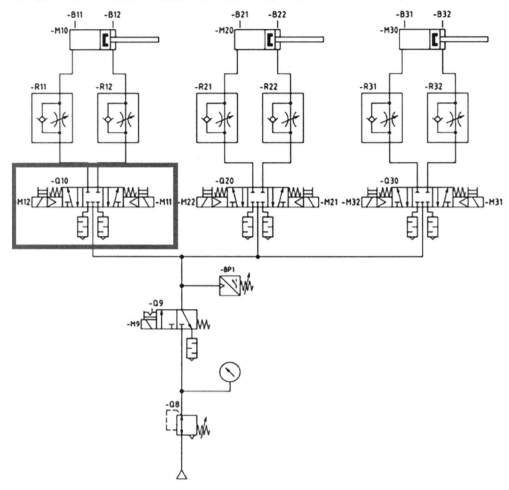

图 4.30　双电控三位五通阀在气动控制回路中的位置

图 4.31 为双电控三位五通阀的电气符号和实物图，其中-Q10 为三位五通阀的标识，-M11和-M12 为三位五通阀的双电控线圈。

图 4.31　双电控三位五通阀的电气符号（左）和实物图（右）

注意事项：针对图中 3 个三位五通阀，为了节省空间和元器件，可以采用阀岛将三位五通阀集中在一起。

4）消音器

消音器在气动控制回路中的位置如图 4.32 所示。

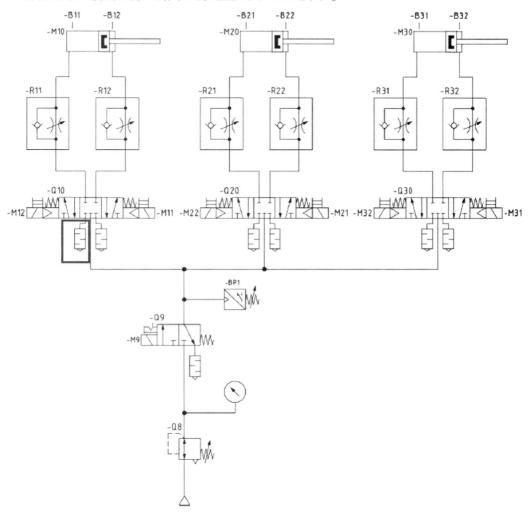

图 4.32　消音器在气动控制回路中的位置

图 4.33 为消音器的电气符号和实物图。

图 4.33　消音器的电气符号（左）和实物图（右）

注意事项：安装消音器时需要使用生料带，且采购消音器时一定要注意螺纹尺寸的选择。

5）带表盘的减压阀

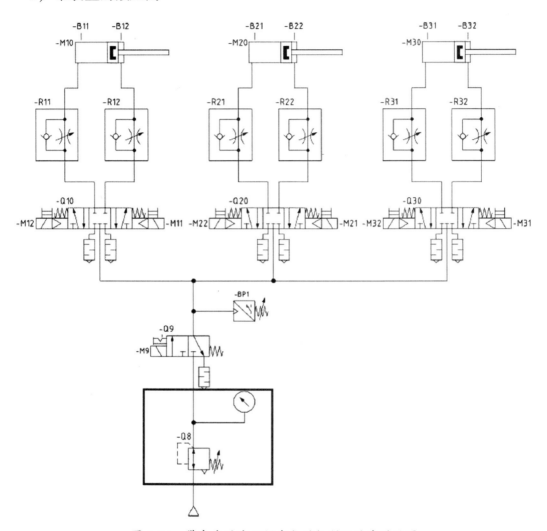

图 4.34　带表盘的减压阀在气动控制回路中的位置

图 4.35 为带表盘的减压阀的电气符号和实物图，其中－Q8 为减压阀的标识。

图 4.35　带表盘的减压阀的电气符号（左）和实物图（右）

注意事项：安装减压阀时，注意元器件上的方向标识。减压阀是单向阀，安装反了没办法实现功能。

6）单电控两位五通阀

单电控两位五通阀在气动控制回路中的位置如图 4.36 所示。

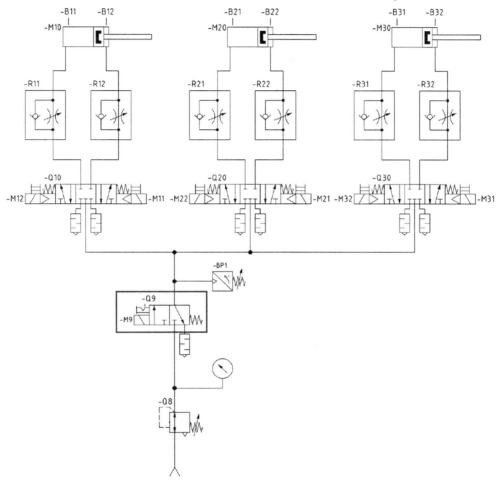

图 4.36　单电控两位五通阀在气动控制回路中的位置

图 4.37 为单电控两位五通阀的电气符号和实物图，其中-Q9 为单电控两位五通阀的标识。

图 4.37　单电控两位五通阀的电气符号（左）和实物图（右）

注意事项：单电控两位五通阀相比双电控两位五通阀，在断电期间会自动复位。

2. 元器件的作用

1）减压阀（图4.38）

图 4.38　减压阀

减压阀：常用于控制气源输入气动回路中的气压。

2）单向节流阀（图4.39）

图 4.39　单向节流阀

单向节流阀：常用于控制气动回路的气压。

3）气缸（图4.40）

图 4.40　气缸

气缸：气动回路中的执行元器件。气缸的种类比较多，选取合适的气缸需要考虑到气缸的直径、塞杆的行程以及气缸的固定方式。

4）电磁阀（图 4.41）

图 4.41　电磁阀

电磁阀：一种用于控制流体的流向装置。电磁阀的种类比较多，常见的有直动式、分步直动式、先导式等。一般电磁阀组成为电控部分、阀座和阀体。其中，阀体根据构造也可以分为几位几通阀。

5）阀岛（图 4.42）

图 4.42　阀岛

阀岛：可以将单独的阀集中一起安装，减少损耗。根据不同的要求，可以定制不同的阀岛。同时，根据流体的不同也可以选择不同的材质。

3. I/O 对照表（输出）（表 4.17）

表 4.17　I/O 对照表（输出）

端口	序号	操作数	元器件标识	功能描述
输出	O0	Q0.0	−M9	主阀
	O2	Q0.2	−M11	气缸−M10 缩进
	O3	Q0.3	−M12	气缸−M10 伸出
	O4	Q0.4	−M21	气缸−M20 缩进
	O5	Q0.5	−M22	气缸−M20 伸出
	O6	Q0.6	−M31	气缸−M30 缩进
	O7	Q0.7	−M32	气缸−M30 伸出

4. 气动控制回路安装计划表（表 4.18）

表 4.18　气动控制回路安装计划表

序号	工作内容	工作地点	工作时间/min	使用的工具或设备
1	电磁阀线圈供电线的制作	电气工作台	15	剥线钳、压线钳
2	焊接供电线的延长线	电气工作台	30	电烙铁、热风枪
3	连接线与 M12 分配器的连接	电气工作台	60	一字形螺钉旋具、十字形螺钉旋具
4	导线的绑扎和整理	电气工作台	30	一字形螺钉旋具、压线钳
5	按照图纸要求打印标签纸并粘贴到对应的元器件上	电气工作台	15	打标机
6	目测检查是否存在漏接或连接不牢固的地方	电气工作台	15	无

5. 气动控制回路工具和元器件选型表（表 4.19）

表 4.19　气动控制回路工具和元器件选型表

序号	工具或元器件名称	型号	数量	作用描述	单价/元
1	M12 分配器	M12-8K-DZP	1 个	给面板元器件提供转接	551.60
2	M12 连接器	4 芯直头	16 个	传感器快速连接接头	18.00
4	Y 型连接器	M12-442A	8 个	传感器快速连接接头与扩展	29.00
5	单电控两位五通阀	SY5120-5LZD-01	1 个	气源控制	65.00
6	双电控三位五通阀	SY5320-5LZD-C4	3 个	气缸的伸缩	175.00
7	减压阀	AR4000	1 个	控制气动回路的气压	63.13
8	阀岛	SS5Y3	1 个	气缸的状态	10.50
9	消音器	SL-01	1 包	降低排气音量	7.11
10	单向节流阀	AS1201F-M3-04	1 个	控制气流大小	8.80
11	双作用气缸	CDM2B20-25Z	3 个	拆装小螺丝固定端子	12.42
12	生料带	—	1 个	保证气体不会泄漏	19.80
13	气管	—	1 卷	连接气路	145.00
14	一字精密起	宝工 SD-081-S1	1 个	拆装小螺丝固定端子	12.42
15	工具包	菲尼克斯 TOOL-WRAP	1 个	进行安装和接线	3 314.25
16	压线钳	CRIMPFOX 10S-1212045	1 个	冷压端子的压接	2 434.72

6. 工艺要求

1）气管的选择

（1）气动控制回路的气管流量应当满足各个支路气管流量的总和。
（2）同一个元器件所使用的气管管径应该相同。

2）气管的安装

（1）气管连接应该保留一定余量。
（2）气管禁止弯折。
（3）气路不能与电路绑扎在一起，可以从电路上方经过。
（4）气路应该避免与尖锐物品接触。
（5）多气路绑扎不能缠绕扭曲，并做好标记。

4.2.1.5　素质养成

通过制订 I/O 对照表、编写工作计划、确定材料清单，培养学生分析问题、解决问题的能力；通过检查气动控制回路图纸是否完整、清晰，以及气动控制回路的安装是否符合图纸要求和工艺标准，培养学生的安全意识和规则意识；通过分组进行讨论发言，培养学生的沟通协作能力；通过对气动控制回路的安装与调试，培养学生的团队协作能力。

4.2.1.6　任务分组（见表 4.20）

表 4.20　任务分组表

班级			组号			指导教师	
组长			学号				
	姓名		学号		姓名		学号
组员							
任务分工							

4.2.1.7　自主探学

任务工作单 1

组号：_____　姓名：_____　学号：_____　检索号：4217-1

引导问题：

（1）确定气动控制回路的构成。

（2）确定气动控制回路中使用的元器件。

（3）确定气动控制回路的接线方式。

任务工作单 2

组号：_____ 姓名：_____ 学号：_____ 检索号：4217-2

引导问题：

（1）写出各元器件在气动控制回路中的作用。

（2）确定气动控制回路中各元器件的安装位置。

（3）请写出气动控制回路的工作原理。

4.2.1.8 合作研学

任务工作单

组号：_____ 姓名：_____ 学号：_____ 检索号：4218-1

引导问题：

（1）小组交流讨论，教师参与，写出气动控制回路的工作原理。

（2）记录自己存在的不足。

_____

_____

4.2.1.9　展示赏学

任务工作单

组号：_____　姓名：_____　学号：_____　检索号：<u>4219-1</u>

引导问题：

（1）每小组推荐一位小组长，讲述气动控制回路中各元器件及其在回路中的作用。

（2）检讨本组每个人在学习过程中的问题，反思不足。

_____

_____

_____

4.2.1.10　电路图的识读

任务工作单

组号：_____　姓名：_____　学号：_____　检索号：<u>42110-1</u>

引导问题：

（1）请讲述气动控制回路的构成及其接线方式。

（2）对比分析标准的各元器件的作用，并填写表 4.21。

表 4.21　元器件的作用表

元器件名称	元器件符号	元器件作用	原因分析
气缸			
单向节流阀			
双电控三位五通阀			
消音器			
带表盘减压阀			
单电控两位五通阀			
阀岛			

4.2.1.11 评价反馈（见表4.22~表4.25）

表4.22 个人自评表

组号：_____ 姓名：_____ 学号：_____ 检索号：42111-1

班级			日期	年 月 日
评价指标	评价内容		分数	分数评定
信息检索能力	能有效利用网络、图书资源查找有用的相关信息；能将查到的信息有效地应用到学习中		10分	
感知课堂生活	熟悉检测工作岗位，认同工作价值；在学习中能获得满足感，课堂活跃		10分	
参与态度、交流沟通	积极主动与教师、同学交流，相互尊重、理解，平等相待；与教师、同学之间能够保持多向、丰富、适宜的信息交流		10分	
	能处理好合作学习和独立思考的关系，做到有效学习；能提出有意义的问题或能发表个人见解		10分	
知识、能力获得情况	熟悉气动控制回路原理图中各元器件的符号及明白其含义		10分	
	掌握气动控制回路中各元器件的作用		10分	
	能确定各元器件的安装位置		10分	
	能说出气动控制回路的工作原理		10分	
思维态度	能发现问题、提出问题、分析问题、解决问题，具有创新思维		10分	
自评反思	按时按质完成任务；较好地掌握知识点；具有较强的信息分析能力和理解能力；具有较为全面严谨的思维能力，并能条理清楚地表达		10分	
自评分数				
有益的经验和做法				
总结反馈建议				

表4.23 小组内互评验收表

组号：_____ 姓名：_____ 学号：_____ 检索号：42111-2

班级		组名		日期	年 月 日
验收组长		成员		分数	分数评定
验收任务	熟悉气动控制回路电路图中各元器件的符号及明白其含义；掌握气动控制回路中各元器件的作用；能确定各元器件的安装位置；能说出气动控制回路的工作原理；文献检索目录				

续表

班级		组名		日期	年　月　日
验收组长		成员		分数	分数评定
验收档案 （被验收者）	4217-1； 4217-2； 42110-1； 文献检索清单				
验收评价 标准	熟悉气动控制回路原理图中各元器件的符号及明白其含义，错一个扣2分			20分	
	掌握气动控制回路中各元器件的作用，错一个扣5分			30分	
	知道各元器件的正确安装位置，错一个扣5分			20分	
	能准确阐述气动控制回路的工作原理，错一处扣10分			20分	
	文献检索清单不少于5个，少一个扣2分			10分	
评价分数					
该同学的不足之处					
有针对性的改进建议					

表4.24　小组间互评表

被评组号：＿＿＿＿＿＿＿＿＿＿＿＿＿＿＿＿　　　检索号：42111-3

班级		评价小组		日期	年　月　日
评价指标	评价内容			分数	分数评定
汇报表述	表述准确			15分	
	语言流畅			10分	
	准确反映小组完成情况			15分	
内容正确度	内容正确			30分	
	句型表达到位			30分	
互评分数					
简要评述					

表 4.25　教师评价表

组号：_____　姓名：_____　学号：_____　检索号：42111-4

班级		组名		姓名	
出勤情况					
评价内容	评价要点	考察要点	分数	老师评定	
				结论	分数
查阅文献情况	任务实施过程中文献查阅	（1）是否查阅信息资料	10分		
		（2）正确运用信息资料			
互动交流情况	组内交流，教学互动	（1）积极参与交流	20分		
		（2）主动接受教师指导			
任务完成情况	掌握气动控制回路原理图中各元器件的符号及含义	（1）根据表达的清晰程度酌情赋分	5分		
		（2）内容正确，错一处扣2分	5分		
	掌握气动控制回路中各元器件的作用	（1）根据表达的清晰程度酌情赋分	5分		
		（2）内容正确，错一处扣2分	5分		
	能确定各元器件的安装位置	（1）根据表达的清晰程度酌情赋分	5分		
		（2）内容正确，错一处扣2分	5分		
	能说出气动控制回路的工作原理	（1）根据表达的清晰程度酌情赋分	10分		
		（2）内容正确，错一处扣2分	10分		
	文献检索目录	（1）数量达标，少一个扣2分	5分		
		（2）根据文献匹配度酌情赋分	5分		
素质目标达成度	团队协作	根据情况酌情赋分	10分		
	自主探究	根据情况酌情赋分			
	学习态度	根据情况酌情赋分			
	课堂纪律	根据情况酌情扣分			
	出勤情况	缺勤1次扣2分			
	安全意识和规则意识	根据情况酌情赋分			
	多角度分析、统筹全局	根据情况酌情赋分			
	善于沟通、团队协作	根据情况酌情赋分			
	严谨细致、精益求精	根据情况酌情赋分			
合　计					

任务 4.2.2　气动控制回路的调试

4.2.2.1　任务描述

调试气动控制回路，即对回路中的各气动元器件及回路进行检测与调试。根据 GRAFCET（顺序功能）流程图编写 PLC 程序并对程序进行调试，对整个系统进行功能检查，排除故障。

4.2.2.2　学习目标

1. 知识目标

（1）能识读、绘制、分析气动控制回路原理图。

（2）了解气动控制回路安装需要的元器件和工具。

2. 能力目标

（1）能够理解 PLC 逻辑流程，并可以独立编程。

（2）能够独立调试设备，并且对故障进行判断。

3. 素质目标

（1）培养学生的安全意识、规则意识和合作精神。

（2）培养学生多角度分析、统筹全局的工作意识。

（3）培养学生善于沟通、团队协作的职业素养。

（4）培养学生严谨细致、精益求精的工匠精神。

4.2.2.3　任务分析

1. 重点

（1）能够根据任务流程，编写 PLC 程序。

（2）能够独立调试设备。

2. 难点

能够独立调试设备，并且对故障点进行判断。

4.2.2.4　知识链接

1. GRAFECT 流程图

图 4.43 所示的 GRAFECT 流程图表示起始步为 1，普通步为 5，释放指令、活动，上升沿置位 1，下降沿复位 0。

GRAFCET 是用简单的、科学的技术图解来表

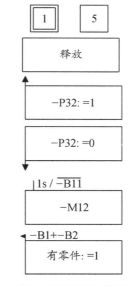

图 4.43　GRAFECT 流程图

示一个生产工艺或设备的动作过程，它描述控制机构在接收输入信号产生动作时使用的命令。应当注意，对同一工序，不同设计人员编写的步进图的数量乃至图的编制方法有很大不同。利用 GRAFCET 编制 PLC 中的梯图及进行设备维修是很方便的。

2. 程序的编写

1）常见的 PLC 编程方法

常见的 PLC 编程有 LAD（梯形图）、FBD（功能模块图）、STL（语句表）和 SCL（结构化控制语言）。如图 4.44 所示就是以 LAD 进行编写的起保停程序。在编程中，切莫将程序都放在一个块中，模块化编程更容易调试。

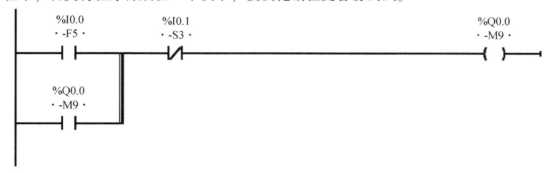

图 4.44　LAD 编程方法

2）模块化编程介绍

图 4.45 为模块化编程，具体为：①设备上电暖启动块（COMPLETE RESTART）；②主程序（Main）；③点动控制函数（Manual）；④自动控制函数（Automatic）；⑤指示灯函数（Light）；⑥系统块（计时器、计数器等）。

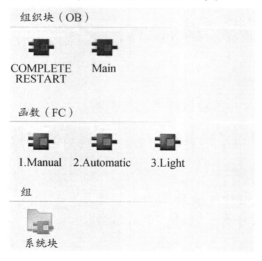

图 4.45　模块化编程

3）GRAFECT 流程图转化 PLC 程序（图 4.46）

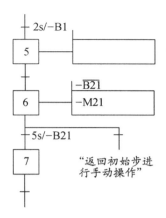

图 4.46　GRAFECT 流程图转化 PLC 程序

电气符号的意义如下。

-B2：检测滑板上是否有物料；-B3：检测滑板上是否是金属物料；-M12：推料气缸伸出；-M21：止动器气缸缩回。

功能描述：正常运行的时候，料仓检测到物料充足后，进行推料。阻料气缸对工件进行拦截，判断工件的材质。判断完成后，进行放料操作。但是，假如由于机械组合件的条板组装不到位，止动器气缸缩回后，导致硬件干涉，止动器无法正常伸出到位。用延时 5s 的方式，来判断止动器是否伸出到位。如果正常则继续运行，否则返回初始步，手动处理达到标准后设备可以重新自动运行。

分析：通过分析流程图，可以发现步 5、步 5 到步 6 条件和步 6 到返回初始步条件是需要补全的。因为给出的标识中没有使用到-B2、-B3 和-M12 这 3 个标识，所以结合功能描述可以得出需要补全的地方是：步 5 方框内填写-M12；步 5 进入下一步的条件为-B2 * （-$\overline{B3}$+-B3）；步 6 返回初始步条件为 5s/-$\overline{B21}$。将补全的流程图转化成 PLC 程序如图 4.47 所示。

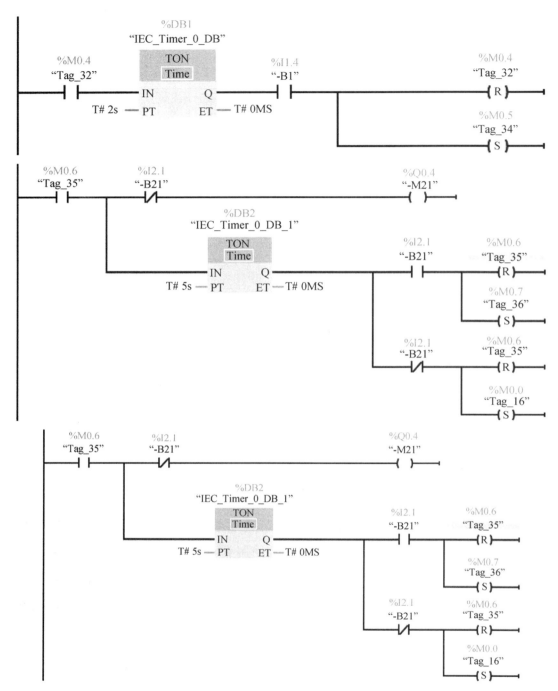

图 4.47 GRAFECT 流程图转化 PLC 程序

4）程序编写示例

首先理解功能描述内容，将功能描述的内容转化成为 GRAFCET 流程图。利用 GRAFCET 流程图编写 PLC 程序（图 4.48）。

I)　这个机电一体化分系统使用主开关-Q1接通。在急停开关无故障、所有操作元件(-S3、-S4、-S5、-S6、-S7、-S8、-S9、-S10和-S11)处于基本位置"关"的情况下，主阀-M9受控动作。如果急停开关不是状态良好、没有故障，主阀就不会受控动作，信号灯-P1和-P31会亮，不受控制器影响。

II)　用旋转开关-S3接通控制器和所有功能指示的信号灯。接通后显示设备瞬时状态。如果压力开关-BP1报告有至少3巴的设定压力，这种情况就会经信号灯-P4指示出来，设备控制器因此得到释放(释放中间继电器="1")。

III)　只有在控制器处于"开"、释放中间继电器="1"的时候，点动/自动操作工作状态才能激活。用开关-S4可以在点动操作和自动操作之间切换。当开关-S4在位置"0"上时，设备处于点动状态(释放中间继电器="1")，信号灯-P3亮。当开关-S4在位置"1"上时，设备处于自动操作状态，信号灯-P3以1Hz的频率闪烁。

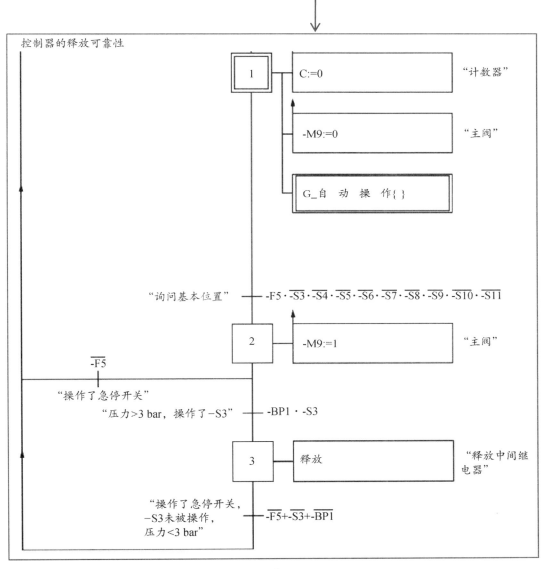

图 4.48　程序编写示例 1

将基本位置条件全部赋予中间继电器 M25.0 来表示，如图 4.49 所示。

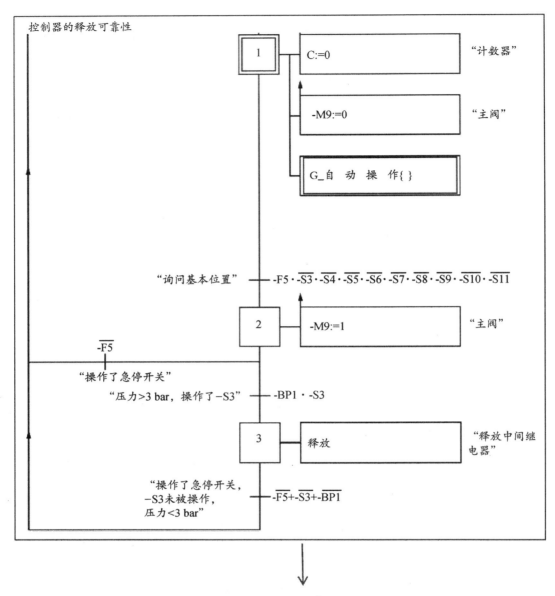

图 4.49　程序编写示例 2

步骤 1：设备通电，起始步将输出、计数器初始化，如图 4.50 所示。当运行基本条件达到，进行步骤 2。

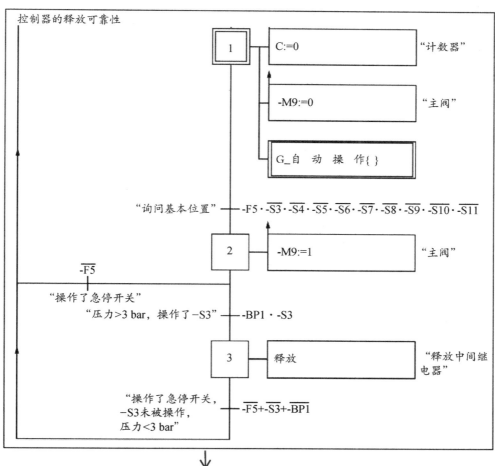

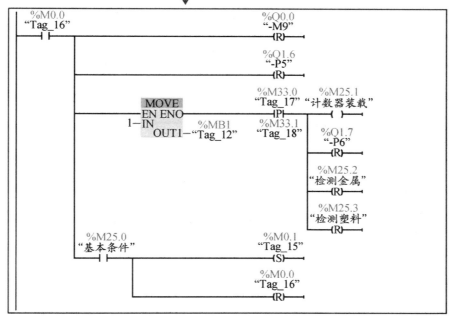

图 4.50　程序编写示例 3

步骤2：主阀得电并保持。程序继续进行分为两种可能（图4.51）：①急停按钮被按下，返回初始步；②压力开关达到压力要求且旋转按钮打开，进行步骤3。

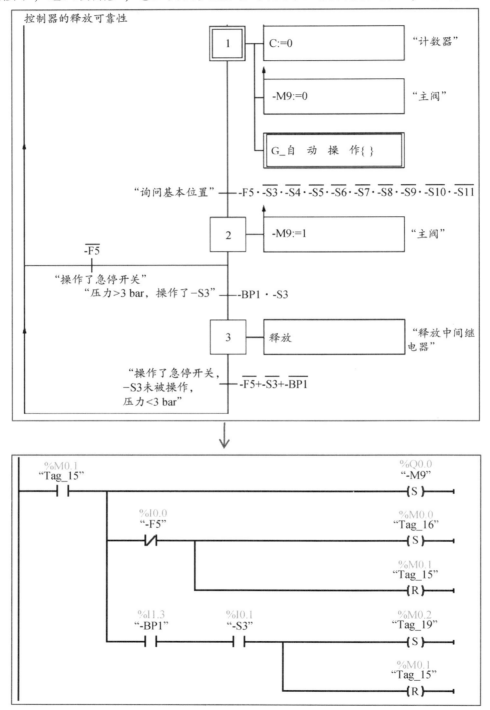

图4.51 程序编写示例4

步骤 3：用于调用点动或者自动程序。当选择开关–S4 为 0 时，调用手动程序；当选择开关–S4 为 1 时，调用自动程序。当急停按钮被按下、选择开关–S3 为 0 或是压力没有达到要求，满足以上任一条件，则返回初始步，如图 4.52 所示。

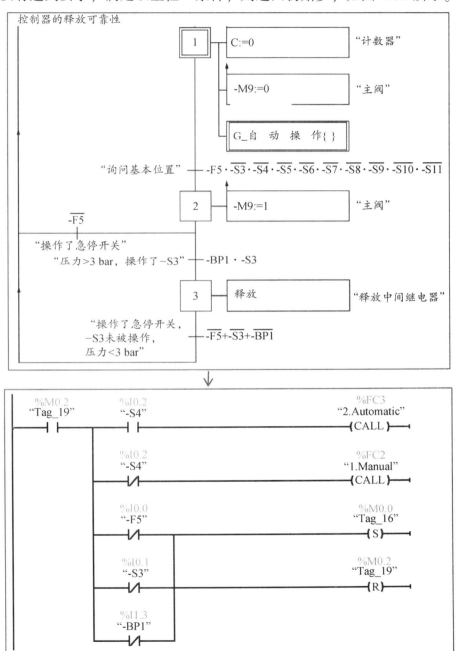

图 4.52　程序编写示例 5

3. 气动回路检测

1）气密性检查四步法

（1）望：看气路是否连接完整，或是气管有明显破损。

（2）听：听哪个位置出现有漏气声。

（3）抚：知道大致位置后，用手轻抚感受具体漏气位置。

（4）补：使用生料带或螺纹密封胶进行气密处理。

2）气动回路检测计划表（表4.26）

表4.26　气动回路检测计划表

序号	检测方式	检测内容	使用设备	检测人员
1	不带电检测	电路图完整	目视检查	×××
2		设备（元器件）按专业要求配备		×××
3		电路是否按图纸连接完全		×××
4		元器件是否有损坏（外观）		×××
5		导线是否有损坏（外观）		×××
6		接线是否牢固且符合工艺		×××
7		调节工作压力5 bar检查气密性		×××
8		气管接线是否符合工艺		×××
9		所有元器件和电路是否做好标识		×××
10		接地线的导通性	万用表	×××
11	带电检测	气缸是否正常动作	目测检查	×××
12		电磁阀是否正常动作		×××
13		气缸是否按要求动作		×××
14		PLC是否可以正确控制电磁阀、警示灯		×××
15		设备是否按照规定要求执行动作		×××

4.2.2.5　素质养成

学生通过自主研学，培养学生分析问题的能力和自学能力；通过分组进行讨论发言，培养学生的沟通协作能力；通过调试，培养学生的团队协作能力和安全意识。

4.2.2.6　任务分组（见表 4.27）

表 4.27　任务分组表

班级		组号		指导教师	
组长		学号			
组员	姓名	学号		姓名	学号
任务分工					

4.2.2.7　自主探学

任务工作单 1

组号：_____　姓名：_____　学号：_____　检索号：4227-1

引导问题：

（1）GRAFCET 流程图的构成。

_____

_____

（2）模块化编程的构成。

_____

_____

（3）PLC 程序的编写方式。

_____

_____

_____

任务工作单 2

组号：_____　姓名：_____　学号：_____　检索号：4227-2

引导问题：

（1）完成 GRAFCET 流程图的绘制。

_____

_____

（2）如何将 GRAFCET 流程图转换为 PLC 程序？

_____

_____

（3）调试气动控制回路的过程。

_____

_____

_____

4.2.2.8　合作研学

任务工作单

组号：_____　姓名：_____　学号：_____　检索号：4228-1

引导问题：

（1）小组交流讨论，教师参与，写出 GRAFCET 流程图的工作原理。

_____

_____

_____

（2）记录自己存在的不足。

_____

_____

4.2.2.9　展示赏学

任务工作单

组号：_____　姓名：_____　学号：_____　检索号：4229-1

引导问题：

（1）每小组推荐一位小组长，讲述 PLC 编程逻辑。

_____

_____

（2）检讨本组每个人在学习过程中的问题，反思不足。

_____

_____

4.2.2.10　气动控制回路的调试

任务工作单

组号：_____　姓名：_____　学号：_____　检索号：42210-1

引导问题：

（1）根据工作任务，绘制 GRAFCET 流程图。

（2）分析工作流程，编写 PLC 程序，并填写表4.28。

表4.28 工作流程与 PLC 程序表

功能要求	流程图	PLC 程序	检测调试结果

4.2.2.11 评价反馈（见表4.29~表4.32）

表4.29 个人自评表

组号：_____ 姓名：_____ 学号：_____ 检索号：42211-1

班级		组名		日期	年 月 日
评价指标	评价内容			分数	分数评定
信息检索能力	能有效利用网络、图书资源查找有用的相关信息；能将查到的信息有效地应用到学习中			10分	
感知课堂生活	熟悉检测工作岗位，认同工作价值；在学习中能获得满足感，课堂活跃			10分	
参与态度、交流沟通	积极主动与教师、同学交流，相互尊重、理解，平等相待；与教师、同学之间能够保持多向、丰富、适宜的信息交流			10分	
	能处理好合作学习和独立思考的关系，做到有效学习；能提出有意义的问题或能发表个人见解			10分	
知识、能力获得情况	能读懂气动控制回路原理图和电气接线图			10分	
	能对气动元器件及回路进行检测调试，并记录检测结果			10分	
	熟悉 PLC 编程软件，能根据 GRAFCET 流程图编写 PLC 程序以及对程序进行调试			10分	
	能对整个系统进行功能检查，排除故障			10分	
思维态度	能发现问题、提出问题、分析问题、解决问题，具有创新思维			10分	

班级		组名		日期	年　月　日
评价指标	评价内容			分数	分数评定
自评反思	按时按质完成任务；较好地掌握知识点；具有较强的信息分析能力和理解能力；具有较为全面严谨的思维能力，并能条理清楚地表达			10分	
自评分数					
有益的经验和做法					
总结反馈建议					

表 4.30　小组内互评验收表

组号：＿＿＿＿＿　姓名：＿＿＿＿＿　学号：＿＿＿＿＿　检索号：42211-2

班级		组名		日期	年　月　日
验收组长		成员		分数	分数评定
验收任务	能读懂气动控制回路原理图和电气接线图； 能对气动元器件及回路进行检测调试，并记录检测结果； 熟悉 PLC 编程软件，能根据 GRAFCET 流程图编写 PLC 程序以及对程序进行调试； 能对整个系统进行功能检查，排除故障； 文献检索目录				
验收档案（被验收者）	4227-1； 4227-2； 42210-1； 文献检索清单				
验收评价标准	能读懂气动控制回路原理图和电气接线图，错一处扣2分			20分	
	能对气动元器件及回路进行检测调试，并记录检测结果			30分	
	能根据 GRAFCET 流程图编写 PLC 程序以及对程序进行调试，错一个扣5分			20分	
	能对整个系统进行功能检查，排除故障，错一处扣10分			20分	
	文献检索清单不少于5个，少一个扣2分			10分	
评价分数					
该同学的不足之处					
有针对性的改进建议					

表 4.31　小组间互评表

被评组号：＿＿＿＿＿＿＿＿＿＿＿＿＿＿＿　　检索号：42211-3

班级		评价小组		日期	年　月　日
评价指标	评价内容			分数	分数评定
汇报表述	表述准确			15 分	
	语言流畅			10 分	
	准确反映小组完成情况			15 分	
内容正确度	内容正确			30 分	
	句型表达到位			30 分	
互评分数					
简要评述					

表 4.32　教师评价表

组号：＿＿＿＿＿　姓名：＿＿＿＿＿＿　学号：＿＿＿＿＿＿　检索号：42211-4

班级		组名		姓名	
出勤情况					
评价内容	评价要点	考察要点	分数	老师评定 结论	分数
查阅文献情况	任务实施过程中文献查阅	(1) 是否查阅信息资料	10 分		
		(2) 正确运用信息资料			
互动交流情况	组内交流，教学互动	(1) 积极参与交流	20 分		
		(2) 主动接受教师指导			
任务完成情况	能读懂气动控制回路原理图和电气接线图	(1) 根据表达的清晰程度酌情赋分	5 分		
		(2) 内容正确，错一处扣 2 分	5 分		
	能对气动元器件及回路进行检测调试，并记录检测结果	(1) 根据操作情况酌情赋分	5 分		
		(2) 内容正确，错一处扣 2 分	5 分		
	能根据 GRAFCET 流程图编写 PLC 程序以及对程序进行调试	(1) 根据操作情况酌情赋分	5 分		
		(2) 内容正确，错一处扣 2 分	5 分		
	能对整个系统进行功能检查，排除故障	(1) 根据操作情况酌情赋分	10 分		
		(2) 内容正确，错一处扣 2 分	10 分		
	文献检索目录	(1) 数量达标，少一个扣 2 分	5 分		
		(2) 根据文献匹配度酌情赋分	5 分		

续表

班级			组名		姓名		
出勤情况							
评价内容	评价要点	考察要点			分数	老师评定	
						结论	分数
素质目标达成度	团队协作	根据情况酌情赋分			10分		
	自主探究	根据情况酌情赋分					
	学习态度	根据情况酌情赋分					
	课堂纪律	根据情况酌情扣分					
	出勤情况	缺勤1次扣2分					
	安全意识和规则意识	根据情况酌情赋分					
	多角度分析、统筹全局	根据情况酌情赋分					
	善于沟通、团队协作	根据情况酌情赋分					
	严谨细致、精益求精	根据情况酌情赋分					
合　计							